好收纳的家
图解整理百科

[日]吉本智子 著　李苑 译

机械工业出版社
CHINA MACHINE PRESS

Original Japanese title: SHUNOU KAGU IRAZU NO KATAZUKE ZUKAI HYAKKA

by Tomoko Yoshimoto, supervised by Japan Association of Life Organizers

Copyright © 2016 Tomoko Yoshimoto

Original Japanese edition published by Shufu-to-Seikatsu-Sha Co., Ltd.

Simplified Chinese translation rights arranged with Shufu-to-Seikatsu-Sha Co., Ltd.

through The English Agency (Japan) Ltd. and Shanghai To-Asia Culture Co., Ltd

北京市版权局著作权合同登记 图字：01-2019-5834号。

图书在版编目（CIP）数据

好收纳的家：图解整理百科 /（日）吉本智子著；
李苑译. — 北京：机械工业出版社，2020.10
ISBN 978-7-111-66391-1

Ⅰ.①好… Ⅱ.①吉… ②李… Ⅲ.①家庭生活－基本知识
Ⅳ.①TS976.3

中国版本图书馆CIP数据核字（2020）第156676号

机械工业出版社（北京市百万庄大街22号　邮政编码100037）
策划编辑：丁　悦　　责任编辑：丁　悦　王　炎
责任校对：张　力　　责任印制：孙　炜
北京华联印刷有限公司印刷

2020年9月第1版第1次印刷
145mm×210mm・4.5印张・3插页・98千字
标准书号：ISBN 978-7-111-66391-1
定价：59.80元

电话服务　　　　　　　　　　网络服务
客服电话：010-88361066　　机　工　官　网：www.cmpbook.com
　　　　　010-88379833　　机　工　官　博：weibo.com/cmp1952
　　　　　010-68326294　　金　书　网：www.golden-book.com
封底无防伪标均为盗版　　机工教育服务网：www.cmpedu.com

引 言

献给想要打造整洁、舒适之家的你

思绪回到 30 年前……

我依然能够清晰地回忆起刚刚听到"室内规划师""室内设计师"这类职业称呼时所收获到的喜悦和振奋的心情,彼时它们尚未在日本普及。

我原本就对室内设计这个领域充满了兴趣,因此当时是照明设计师的我便第一时间毫不犹豫地投身到这个设计的新世界中。

我想:"20 年后,也许任何人都可以和专业的室内规划师直接沟通,以此拥有自己想象中最好的住宅吧。"

怀揣着这样的梦想,我进入了专门学习室内设计的学校,以求精进自己的专业技能。

但是,当我终于跨入憧憬已久的住宅设计行业中后,却产生了一个疑问——为什么我们要故意设计出一些不方便居住的住宅呢?

用起来很不方便的厨房、放不下家具的流线规划、狭小可怜的橱柜和难用的洗衣空间。

如果是我自己的家，这样的住宅无论外表看上去多么精致美观，我也不想去住……

"打造一个家"和"营造一种生活"本应该是同一件事情，可现实往往是为了图方便而难以实现……

通过在室内设计学校的学习，"房子要方便人使用是最大的前提"的观点已经深深地印在我的心头，而现实设计中，这种差异却让我感到非常困惑。

这是我实地访问客户家时遇到的案例：明明已经入住新居数月，"打不开门的玄关"仍然堆满了搬家后未整理的纸箱和各种物品；闲置的房间中，为了把大量物品塞进去而暂时购置的形状各异的家具挤成一团。

在多次目睹了这样窘迫的情况后，我心中坚定了"收拾不干净是因为住宅本身的设计存在问题"的想法。

然而，彼时的我既无经验亦无实力，更没有表达出这些想法的方式，只能假装看不见。

不久之后，我开始接手一些私人住宅规划和翻新改造设计咨询的委托，因而注意到，要打造真正让客户满意的住宅，光靠倾听客户对于室内设计的希望和要求是远远不够的。更重要的是，要善于"聆听"客户在居住和生活过程中所感受到的"不满"。

对于居住者来说，不便于居住的房间是会一点一滴地给人带来压迫感的。这些点点滴滴的压迫感会累积成巨大的不满，形成类似"建之前多考虑一下就好了""要是这么做就好了"这样的声音。只要不解决这些不满之处，就无法打造出真正适合自己的、舒适的家。因此，比起选择华丽的家具、壁纸、窗帘，我们更需要优先考虑的是，如何去减少这些生活中的不满之处。

人创造住宅，住宅亦影响人

"人创造住宅，住宅亦影响人。"我再次牢记这句话并将它融入工作中，是在我接触到从"居住规划整理"的思考衍生出的整理术时。这是一种没有什么理论依据，只是根据当事人的行动癖好来收纳的方法……具体来说，就是把对自己来说重要的物品安放在最方便的位置，能够取放自如且不容易凌乱。即使一时之间乱了也能迅速让它们回归到自己的位置上。最重要的是"做法可以因人而异，当事人本人能够轻松地持续下去就可以了"这一点。

我所追求的正是这个！在打造华丽的室内装饰之前，打造容易收纳的方式才是必要的。此外，当我成为一名收纳的专家，为众多的家庭提供帮助时，我更加坚信了一件事，那就是，舒适的住宅来源于收纳。

舒适的住宅来源于收纳

对于那些总感觉东西永远收拾不完的客户来说，一旦收纳空间充足就会收获如同获得了重生一般的喜悦。之前每天面对那些溢出来的物品时的不满情绪会让他们无法安心享受吃饭、打扮、就寝、入浴等带来的幸福与乐趣，而当这些物品被收拾整齐，屋内空间变得清爽之后，他们才终于有了余力去体会那些蕴藏于生活中的乐事。

客户们经常有上面的感叹，这让长年从事住宅相关工作的我想到：打造出这样便于收纳的住宅的最佳时机应该是建造住宅时，或者是翻新住宅前。

"我很喜欢衣服，所以想在卧室旁设计一个衣帽间。在玄关旁也想要有一个能挂大衣等物品的衣柜。""希望能够在次入口的附近设置储藏室，用于储藏类似米或者饮料这样的重物。""想要在餐桌附近设置一个收纳位，把电脑和打印机都收进去。"类似这样的愿望，只要在房子建造前提出来，就完全有机会实现。

在必要的场所中如果有恰到好处的收纳位置，这会给你生活的舒适程度带来令人惊讶的改善。在这之后，也就完全没有必要去买那些没用的收纳家具来补充收纳空间的不足了。

在本书中，我将毫无保留地分享我作为收纳与住宅专家至今积累的经验。在特定的位置收纳什么样的物品会更方便？最便于使用的收纳柜的进深和抽屉的宽度，以及与之完全契合的收纳用品的尺寸是多少？这些问题看上去可能很简单，但是如果只是表面化的收纳设计，那么每次需要取用东西时都得一次次走到很远的屋子去或者会总是产生类似"啊，好遗憾，再有 5 公分的话这些东西就能放进去了"的不满。

如果这本书能够给你带来哪怕只是一点点的、实实在在的帮助，能够让你今后的生活环境更整洁、舒适，那么作为作者的我就觉得无比欣慰与喜悦了。

目录

3

适合活动流线的收纳设计

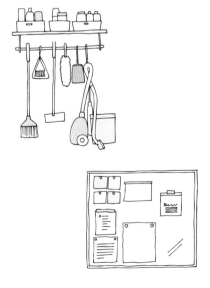

1

委托设计之前的思绪整理

你想要打造什么样的家？

什么是对你而言
重要的东西？

确认你的价值观

image

在对有收纳设计需求的客户进行家庭走访时，我会先做一件事，这就是，向客户确认他们"最喜欢的东西""最重视的事情"或是"不可缺少的事物"等那些让他们觉得舒服的物品或事情。

如果现在你想通过新建或者翻新改造获得新住宅，我希望你也能回答同样的问题。

· 为了活出真正的自我，有什么是你所重视或者坚持的事情吗？
· 这些事情为什么对你是重要的呢？
· 哪些是让你怦然心动、感觉兴奋的事物？
· 如果不考虑时间和金钱，有什么事情是你想要尝试的呢？

这些问题看上去似乎与室内设计无关，但是在心中思考"什么能给你带来幸福感""你生活的动力是什么"这样的问题时，可以让你更加明确地认识到自己的价值观。这种价值观可以成为在需要选择时的判断基准，让你最终获得适合自己的舒适空间。

做什么事情会使你觉得最迎合自己的内心？

什么瞬间让你感受到幸福？你渴望的东西是什么？

与自然融为一体的生活？

与家人共度的时光？

工作或是社会上的成功？

你所向往的家
是什么样的？

想象着描绘出一个被自己
喜欢的东西所包围的空间吧

image

在确认了你自己的价值观之后，不妨让我们来想象着描绘一下自己理想中的住宅吧。

什么样的房子才是令你觉得舒适的？

家中有什么东西会让你感觉到愉悦自在呢？

眼中看到的事物，感受到的香味、风或者是光，用起来会让你觉得愉快的东西，能让你身心放松下来的室内环境……

动用你全部的视觉、嗅觉、触觉、听觉与味觉来想象一下吧。

究竟什么样的生活是真正令你感到舒适的？

你所重视或是能让你的内心感到充实满足的事物，你真正渴望的居住方式，这些是除了你自己之外没有人能够决定的。

收纳整理的最终目标说到底难道不正是"用自己的双手为自己和家人创造并维持最舒适的居住环境与生活"吗？

如果只是仅仅漠然地把一个"漂亮的家"作为自己的目标，恐怕会因为只关注眼前的物品该怎么收拾这种细枝末节之事，而将更长远的"真正重要的收纳理由"抛之脑后，因小失大。

对于你自己的生活，不妨想象一下诸如"如果这个地方能这样就好了"这样的生活愿景，即使是再小的事物也没有关系。

你喜欢的室内装修风格可能是这样的

对于你的住宅，从室内装修风格到地板或是墙壁的材料、颜色，以及想要使用的功能等角度来看，有没有什么你所向往和坚持的要点呢？

北欧的风格很清爽。

类似英伦风的古典意境中的下午茶氛围。

想采用实木地板！想选用硅藻土装修墙壁！

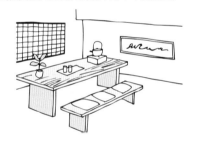

简洁而不失现代感的日式风格也能让人感到平静。

用方便、实用的洗衣机和扫地机器人轻松地生活！

天气好的休息日，想要在屋顶阳台吃顿惬意的早餐！

对于现在的家
有什么不满？

认识到不满之处就能明确
如何改善

image

新建或者是翻新改造住宅时，大概谁都不会希望新住宅"和现状一样就行了"或者"比现状再差一点也无妨"吧？理所当然的，当我们想要新建或者翻新住宅时，我们一定是"希望能够拥有比现在更好的环境""想要比现在更舒适的生活"。

为了实现这种"更好的生活"的愿望，尽可能具体地想象和描绘出"想要怎么样"是非常必要的。可有时候，一时之间也不知道如何是好的情况也是有的。这时候，从对现有居住环境的不满，以及现在的居家生活中让你感受到烦躁的事情开始着手也未尝不可。

只要在新住宅的设计过程中能把这些让你感到不满和烦躁的麻烦事儿给解决了，也就意味着生活会比原来更舒适了。

不妨请你参考一下下一页的内容，写一写现在生活中让你感到不满的事物吧。

除此以外，也许屋子台阶或者是楼梯上下实在太麻烦；住在一层的房间太冷；或者屋子、门窗冬天漏风……这些让你觉得"从独栋住宅搬到公寓楼居住也许更好"的最基本的问题也会涌现出来。

日复一日，那些哪怕只是让你感到小小烦躁的问题累积起来也会变成让你头疼不止的大问题。让我们把这些不满事无巨细地写出来吧。

列出家中所有让你不满的事物吧！

让你产生不满的原因和解决方法有很多。有在设计阶段就应该去解决的问题，也有在生活中可以通过改变生活习惯来解决的问题。

不满的例子

- 厨房用起来不顺手
- 买了米要搬上在 2 层的厨房，很辛苦
- 玄关中总是随手堆放着纯净水的瓶子
- 洗衣机和晾晒阳台之间距离太远了
- 下雨天没有室内晾晒的场所
- 想要有一个储物间
- 吸尘器总是堆着没地方收
- 垃圾箱数量不够，也没有足够的空间放置垃圾箱
- 插座总是不够

- 插座位置太低了，每次都得钻到桌子底下去插电源，实在是很麻烦
- 灯的开关离床太远了
- 洗面盆下的抽屉里放不进去化妆品
- 盥洗室中没有晾毛巾的地方
- 盥洗室中总是湿气很重，用起来不舒服
- 从鞋柜里把鞋子取出来的时候总是得先下台阶才行
- 房子没有次入口

现在收纳起来顺手吗？

让收纳的便捷程度也能「可视化」

image

确认了对现有住宅中的不满之处后，让我们再依次确认一下在各个空间中进行收纳的便捷程度吧。

举个例子：房主人拜托做家具的师傅"一定要把收纳做充分"，于是家具师傅给他打了一个进深有 60cm 的储藏柜（食品库）。结果，柜子的进深太大，放在靠里的食品难以取出，经常淹没在柜子深处被遗忘，成了过期食品。

· 在有需求的地点没有恰到好处的收纳场所

· 虽然有收纳场所，但是空间不足

· 收纳位置太高，根本够不着

· 地板下的收纳得蹲着、跪着去取放，每次都会弄到腰痛

· 敞开式柜子容易积灰，很想要加上个门

我们可以通过上面这些情况，从收纳的设置位置、进深、宽度、高度、体积大小等问题，到收纳、取用时身体产生的负担这些不同的角度来对我们的收纳状况进行打分。

相反，如果有用起来非常顺手、让你觉得"非常好用的""在新房子中也想要一个一样的"收纳设计，那么也请你为它打个高分吧。

Work 检查你的收纳空间

来给各个空间的收纳便捷程度来打个分吧。如果便捷程度非常出类拔萃就是 10 分，"非常不满意"（最低分）就是 0 分。打分之后，针对觉得优秀和糟糕的部分，分别写一写这样评价的理由。

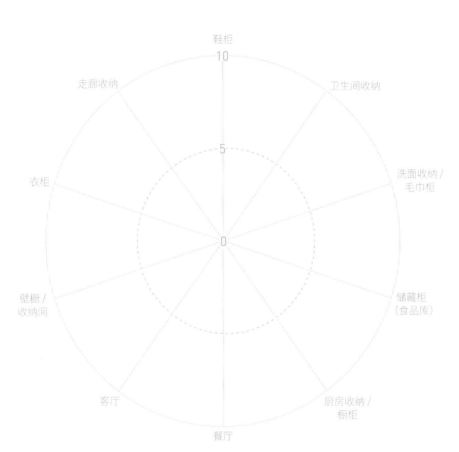

让理想与问题
「可视化」
要如何让理想成为现实？

image

　　让我们来想一想，收纳过程中给我们带来的不满，或是让我们感到舒适的要点究竟在哪里。最后让我们整理一下这些要点。

　　请参照下一页中的表，一条一条写下来试试看吧。

　　让我们以厨房为例。首先需要明确你对于厨房的认识以及在这个区域内你所重视的点。之后，对于这个空间，我们可以来进一步描述一下，像是"很想要一个开放式厨房""想在这里喝美味的咖啡"等这种非常具体的愿景。接着想一想，要实现这些具体的愿景，需要在什么位置做什么样的改善，诸如："闲置未用的餐具很多→把这些闲置的餐具和常用的餐具分开吧，把闲置的餐具拿去跳蚤市场出售""插座上插满了各种像章鱼脚一样的转接口太危险了→增加插座数量"等，针对具体问题去给出非常具体的改善方案。类似"餐具用完之后就尽快放回到橱柜中"这样的需要改变的生活习惯可能也可以加到改善方案中去。另外，不妨再写一写需要什么样的收纳空间："想要一个储藏柜""放弃橱柜、吊柜，全部换用收纳抽屉"这类的构思。渐渐地，对于新房子的愿望就变得清晰明了起来了。同时，这个空间的主题或者设计风格也会在这样具体化的思考中变得明确。

　　其他空间也可以用同样的方式去思考，还可以更进一步去判断各个空间在自己生活中的重要程度。

参考下面的例子，整理一下你对于各个空间的认识、愿景、改善点、收纳的构思，以及各个房间的主题或风格等要点吧。新居的形象是不是在你的脑海中渐渐变得鲜活具体起来了呢？

（此处我们以厨房为例）

• 在这个空间中想要重视的是什么
保持清洁 保持各种物品不散乱

• 关于这个空间的理想　　• 什么行为会让你觉得愉悦
垃圾可以方便地被彻底处理好，清扫整理都能无压力搞定； 藏起式收纳，尽量把物品都藏起来； 明亮的开放式厨房； 家用电器尽可能不要露出来； 可以快速地煮好美味的咖啡； 能有一个食品储存库。

• 这个空间的改善点　　• 今后要注意的行为
没洗的碗筷堆积在水池里； 存了太多未使用的餐具； 零食、大米、意面之类的库存过量； 家用电器太多，插座上插满了各种转接插头，像章鱼脚似的。

• 关于收纳的构思
现在收纳空间不足，想要比较大的食品收纳库，以及用来储存备用水、瓶子之类的收纳空间； 想要垃圾箱的放置空间； 想要一个能把红茶包和咖啡豆收整齐的位置； 收纳时能保证经常使用的物品可以很顺手地取出； 也想要能藏起物品的收纳空间； 吊柜太高不好用。

• 关于空间的主题或风格
清爽简洁、易于整理的舒适厨房

※ 玄关、卫生间、洗面浴室、餐厅、客厅、卧室、衣柜等也都像上面的例子这样写一写吧。

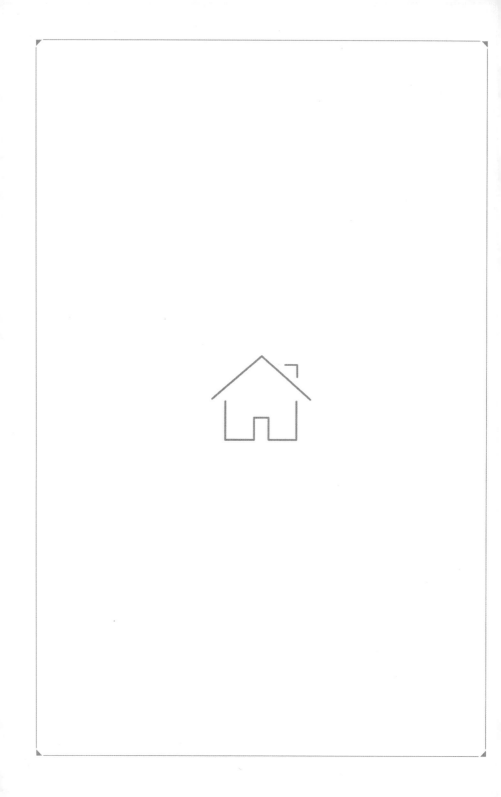

2

零乱的原因是什么？

原因
01

活动的流线上
没有收纳！

Check!

　　显而易见，"零乱"其实是"用过的物品没有放回原位"这件事情不断积累导致的结果。

　　而究其原因，很大程度都是因为流线上没有合适的收纳空间。

　　我们每天从早晨起床到夜间入睡，会因为要做各种事情，因为各种理由在家中活动。这种活动的路线就被称为"流线"。

　　打个比方，我们都会到盥洗室中去刷牙漱口，牙刷和牙膏都应该放置在洗脸池上。像这样，物品被放置在它的使用场所的话，就无需多走一步，流线也就基本上可以认为是"0"，或者说因为流线很短，所以用完之后就可以非常简单地把用过的物品放回原处，因此这些物品也不会散落到其他房间里去。而如果想使用某件物品的场所和这个物品放置的地方距离较远的话，取物的流线自然变长，用完后将其放回原位也变得麻烦起来，往往就会在放回原位的途中不经意地随手丢下。如此这般，渐渐地物品也就散乱开来了。

　　如果本来物品的固定位置（放置场所）也就是住址如果没有被确定的话，即使想要"物归原位"也是不可能的吧？

　　你家中的物品都放在相应的人的活动位置上了吗？让我们首先从这一点开始评价收纳的好坏吧！

虽然房间很宽敞但是没有收纳空间

如果没有一个"即使很乱也没关系"的"后院"，各种物品就会蔓延到整个房间。

大窗户的陷阱

虽然采光很好，屋子很明亮，但是没有墙壁的话很难设置收纳空间。

正因为收纳的位置很远……

人活动的场所和物品的收纳位置之间的距离越远，去取用时就越麻烦、要把用完的物品放回原位的过程也就越让人懈怠，因而，物品也就越容易散乱。

坐在餐桌旁，边看电视边化妆，但是化妆品收纳在洗脸池附近。

回家之后先在客厅里小憩一会儿，由于衣柜在 2 楼的卧室，外套也只好在沙发上小憩着。

特意为孩子在儿童房放了学习用的小书桌，可是孩子总喜欢在餐桌上写作业。

内衣和睡衣都收在孩子房间的抽屉里，但是洗完澡之后想要在盥洗室穿衣，每天都会重复着"又忘了把换洗衣物带进来"的悲剧。

衣物从阳台取回之后总是没法儿立即叠好收起。结果就是收回来的衣物在沙发上堆积成山。

玩具收纳的位置太高了,孩子踮着脚也够不着。这也是孩子没法儿自己把玩具放回去的原因。

在哪里

如果物品没有自己的"家"(收纳位置)的话,想回家去也没法儿回去(只能流浪街头)。

对策 01

缩短使用物品的场所和物品收纳位置之间的距离(流线)!

物品的数量超过家中收纳空间的限度！

Check!

　　这世界上有很多种人，有只想要最少数量的必要生活物品的极简主义者，也有享受被自己所感兴趣的收集品包围着的感觉的人。这些都是不同的价值观而已，并没有好与坏之说。千人千面，对每个人来说也都有着自己觉得"最合适的物品的数量"。

　　然而，如果物品的数量大大超过了家中能够收纳的物品限度，或者是超出了自己能够管理和保持整洁的能力范围，物品也就自然会散乱开来。并且，物品的数量越多，找寻和选择起来也自然越是困难。

　　由于物品太多，导致之前买过的东西被埋住，忘了它的存在又重复购买同一物品的情况也是有的。这样一来，家中的物品不断增加，让已经拥挤不堪的收纳柜更是雪上加霜。又或者，为几年才有可能来家里住一次的客人而准备的被褥将储物间塞得满满当当，这种物品与生活方式不匹配的例子也比比皆是。

　　为什么自家物品总会无缘无故地变多呢？目前的生活中所必需的物品种类和数量到底是多少呢？请不妨再思考一下这两个问题吧。

为什么家中的物品会增加？！

冲动购物
因为很便宜就……

临时的状况
由于生育孩子、看护老人等情况造成居住
环境变化，所必需的物品也会随之增加。

物品与生活的实际情况不匹配
并没有来家里住
的客人……

重复购物
啊，家里已经有了……

"专区专物"的信念
清洁剂的性能一样的话，卫生间
和浴室其实可以用同一个清洁剂。

物品只进不出
对于什么是该扔掉的
物品，判断标准不明
确。物品用到什么程
度（或者破损程度）
可以被作为废品丢弃，
并没有像食品那样的
"保质期"标准。

对策 02

把握与自己家庭生活状况相匹配的物品数量。

重新审视自己购买和丢弃废旧物品的判断标准。

收拾整理的方法不合适

Check!

　　认为自己"不会收纳"的人，可能仅仅是因为使用的收纳方法不适合自己。

　　比如说，尝试着买了分格很细致的收纳用品，但是用了几天发现物品完全收不回去的话，不妨试试把各种小物件都一股脑儿放入抽屉中的收纳法效果如何？如果因为你不喜欢折叠衣物而让客厅里收回来的衣服堆积如山的话，试着把衣物连着晾衣架一块儿放入衣柜的方法怎么样呢？小朋友如果不喜欢丢垃圾的话，把垃圾箱的盖子去掉怎么样？

　　只要方法是适合自己的，收纳和维持家庭整洁就会变得非常轻松。找到易于自己执行的收纳方法的线索之一就是利用你的"惯用脑"。和"惯用手"或者"惯用脚"一样，大脑也有着自己"主导"的一方：对感性的事物和抽象思维更敏感的话，右脑就是你的"惯用脑"；而如果你的理性的思考与分析能力更强的话，你的"惯用脑"就是左脑。

　　从判断一件物品是需要还是不需要，到考虑它应该被收纳在何处，再到实际取出和使用之后放回原位，这一连串的收纳工作中，你的惯用脑，也就是大脑的习惯正在影响着你的判断和行动。许许多多的实例证明，了解自己和家人的惯用脑有利于减轻收纳工作的压力。

从你的惯用脑入手寻找适合自己的收纳方法

从你获取信息（输入）、付诸行动（输出）时优先启动的"惯用脑"
入手，会更容易找到适合自己的收纳方法。

输入（获取信息）

大脑会通过外部刺激或者眼、耳等五官获
取外界信息。就收纳而言，指的是寻找物
品的方式或者在找东西方面的喜好等。

输出（释放信息）

大脑会处理获取的信息并通过语言或者行
为向外界进一步释放信息。就收纳而言，
可以指收纳的便捷程度，也就是使用物品
后归还原位的方式，或者个人的行动特点、
收纳方法的喜好、优先顺序的决定方式等。

────── 惯用脑的检查方法 ──────

输入

手指交叉

两手的手指自然交叉时，哪一边的大拇指在下
方就代表了你的输入"惯用脑"是哪一边。例
如右手大拇指在下的话就可以判断自己的输入
"惯用脑"是右脑。

输出

两臂交叉

两臂自然交叉时，在下方的手臂就
代表了你的输出"惯用脑"。比如，
左臂在下的话，就可以判断自己的
输出"惯用脑"是左脑。

分为 4 种类型

左↔左	左↔右	右↔左	右↔右
左左型	左右型	右左型	右右型

※ 方框内箭头左右两端分别为输入、输出时的"惯用脑"。例如输入是右脑、输出是左脑的话，
就是右左型。

右脑型的收纳要点

输入

重视视觉效果的"视觉系"

- 输入属于右脑型的人在寻找物品的时候会通过下意识的"大概方位"来判断。如果没有这种"大概方位"的感觉的话，可以用行动的顺序来判断。
- 通过颜色和形状来识别物品的能力非常强。因此收纳时配合标记或者小图片、颜色等来区分会很有效。
- 如果是喜欢的东西的话暴露出来也无妨。敞开式的收纳也很有效。优先考虑找寻物品时的方便程度即可。

输出

能立刻找到物品的粗略的分类会更有效

- 输出属于右脑型的人行动通常非常迅速，因此要采用不让自己感到麻烦的收纳方法。
- 抽屉或者收纳柜中不要用太精细的分类盒。凭感觉就能取放的收纳方式会更有效。不要定太详细的收纳顺序。
- 尽量打造出一个就算乱了也没有关系的地方。
- 尽可能将物品放置在需要用的位置上。

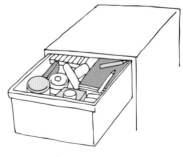

粗略的
松松散散的

34

左脑型的收纳要点

输入

依照顺序、整齐、有理有据……让找寻更便捷

- 输入属于左脑型的人在寻找物品时，首先会去想这个物品会被放在某个位置的理由。如果这个物品不在它应该在的位置上，就会觉得很混乱。物品应处位置的标准就是依照"顺序"或者自己觉得正确的位置。例如，从左到右1、2、3依次排列，而4不在这个接下来的位置上的话，他们就会觉得很在意。
- 对文字的识别能力很强，因此贴标签是很有效的方法。
- 一次性获取的信息量太大的话就会觉得不舒服，因此一定程度上的隐藏式收纳会比较好。收纳用品的颜色和形状也需要有所限制。
- 效率性和明确的理由都是很重要的。

输出

准确的分类、确定的顺序、高效的方法……会更有效

- 输出属于左脑型的人会希望按照正确的方式行动，因此事先决定好的收纳的方法会更有效。
- 喜欢有理有据的行动。
- 决定好顺序后一项项执行，时间表如果被打乱的话就没法儿继续干活。
- 确保一件件物品都能被明确地识别的话会更轻松。详细地给各种物品分类更易于管理。
- 效率优先。

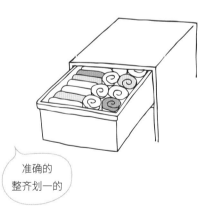

准确的
整齐划一的

对策 03

从惯用脑入手，尝试换用自己觉得方便的收纳方法。

原因
04

收拾整理的
顺序弄错了！

Check!

　　"收拾整理"并不是一味地扔掉各种物品，也不是单纯地买回一大堆收纳用品，然后把家里的物品都塞进去。

　　如上文所述，收拾整理的第一步，应当是思考对于自己来说什么才是"重要的事情""最喜欢的东西""不可或缺的物品"这些问题。这些"重要的事与物"，是无论多么资深、有能力的收纳师都无法替你做出决定的。

　　只有当这些重要的问题有了答案之后，我们才能开始正式进入收拾整理的工作流程。明白了什么才是对于自己来说重要的东西之后，也就自然能够将它们分类了。

　　收纳规划的第一步是"做减法"，也就是在现有的物品中甄选出最重要的那一部分。将物品全部取出并按照重要性来分类，重要的物品留下，而不需要的物品则丢弃。

　　接下来的步骤就是"整理"了。将这些甄选出的物品放置和收纳到最易于使用和最合适的位置上。

　　在创造了自己和家人都能舒适生活的环境之后，就只需要不时地打点和做出轻微的改善，就能够轻松地将这种整洁的生活维持下去了。

　　这样的顺序一旦弄错，收拾整理就会陷入无法顺利进行的境地；要么就是会经常出现房子变得整洁之后不久又反弹回原样，难以维持长期整洁的情况。

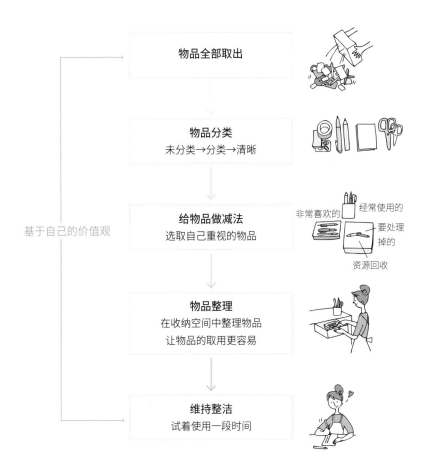

不反弹的收拾整理顺序

物品全部取出

物品分类
未分类→分类→清晰

基于自己的价值观

给物品做减法
选取自己重视的物品

非常喜欢的　经常使用的
要处理掉的
资源回收

物品整理
在收纳空间中整理物品
让物品的取用更容易

维持整洁
试着使用一段时间

对策 04

按照正确的顺序尝试着前行。

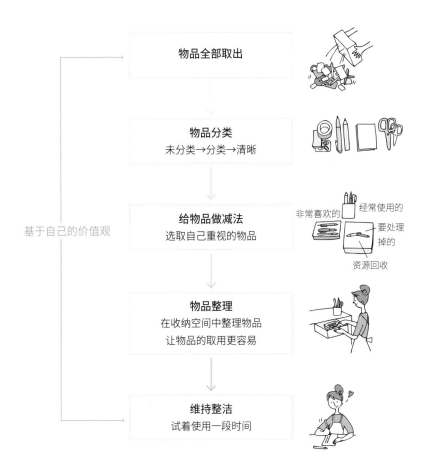

（右侧竖排） 零乱的原因是什么？

原因
05

不了解必要的
收纳！

Check!

当你开始准备着手打造、布置自己的新居时，有一些问题是你不得不去思考的。那就是：

· 你有什么样的使用需求，想要什么样的房间（空间）？
· 在这个房间中你想要使用什么样的物品?

这两个问题如果不提前明确的话，是无法确定这个房间（空间）中必要的收纳空间的方式与大小的。

接下来让我们试着将想到的各个空间中的物品按照下一页中的 8 个类别进行分类。这次的分类不是"需要或不要"的判断，而是为了明确在什么样的房间中需要打造什么样的收纳以对物品进行"可视化"分类。让我们一起确认一下，各个空间中什么样类别的物品最多吧。

这样的分类可以确保我们了解各个房间中必要的收纳条件。比如说，如果使用频率较高的日用品比较多的话，我们需要着重为它们创造一些更方便取放的收纳空间。又或者，如果是需要进行长期储存的物品更多的话，保证收纳空间的通风性能比取放时的便捷程度更重要。

这么一分类，可能我们也会发现有一些房间中是不需要收纳空间的。不过这种不平衡的收纳"可视化"也是非常重要的。

将物品试着分为 8 个类别

1
日常使用

5
要丢弃的物品
不合尺寸的旧衣服等

2
偶尔使用
例如丧喜事用服装等

6
家电
除湿器、电风扇等
季节性家电

3
需要保存（长期）的
收藏品、贵重品
充满儿时回忆的服装等

7
清洁用具
（卫生工具）
西装刷、烫衣板、
衣物除毛器等

4
临时保管
（前提是使用这些物品）
换季衣物、食品、库存品、
防灾用品

8
其他
换洗衣物、待修
补衣物等

对策
05

给物品分类后才能知道自己家中必要的收纳空间是

什么样的。

在这个空间里，什么样的物品和收纳是必要的呢？

将在各个房间（空间）中想要使用或者存放的所有物品，都按照上文中的 8 个类别进行分类、记录。在明确了各个空间中有什么，各种物品有多少之后，我们就可以了解到各个空间所需的收纳空间大小、形状，以及适合的收纳方法了。

物品分类收纳表

例

• 房间名称：玄关
室外活动的鞋子 / 拖鞋 / 雨伞 / 衣架 / 西装刷 / 空气净化器 / 吸尘器（除尘用品）/ 文具用品 / 蔬菜、大米、水（库存品）/ 装饰品 / 玩具 / 室外用具 / 宠物用品 / 家中常备工具 / 拐杖、推车 等

1. 日常使用	2. 偶尔使用
3. 需要保存（长期）的	4. 临时保管
5. 要丢弃的物品	6. 家电
7. 清洁用具	8. 其他

也试试给其他的区域分类吧

• 盥洗室

化妆品（备用）/ 旅行用品 / 沐浴露、护发素 / 定型喷雾、发胶等 / 吹风机 / 梳子、刷子 / 化妆棉、纸巾类 / 垃圾箱 / 清洁用具 / 毛巾 / 浴垫（使用中、备用品）/ 内衣类 / 洗涤用品 / 洗洁剂 / 换洗衣物 等

• 卫生间

卫生纸（库存品）/ 卫生用品（库存品）/ 毛巾类 / 垫子、马桶盖类 / 拖鞋 / 除臭用品 / 除菌用品 / 清洁用具 / 垃圾箱 / 装饰品 / 防灾用品（水、简易马桶）等

• 卧室

床上用品（应季）/ 床单、被罩类 / 衣物 / 化妆用品 / 电视、音乐播放器 /CD、DVD/ 空调 / 空气净化器 / 加湿器 / 被褥干燥机 等

• 衣柜

衣物（洗净后的衣物，或者待洗的衣物）/ 内衣类 / 配饰类（腰带、丝巾等）/ 手提包、背包类 / 首饰、珠宝 / 服装的清洁用品（西装刷、喷雾、电熨斗等）/ 穿衣镜 / 插座（照明灯具、开关）等

• 厨房

炊具 / 碗碟 / 筷子、勺子等 / 吸管 / 一次性筷子 / 分类垃圾箱 / 保存食品用容器 / 厨房纸、保鲜膜类 / 食品 / 餐具类 / 低温保存袋 / 厨房用家电（微波炉、咖啡机、电饭锅等）/ 食谱书 / 购物袋 等

• 餐厅

餐具类 / 餐厅中使用的家电、炊具 / 书籍、杂志 / 音乐相关的用品（音乐播放器、CD 等）/ 孩子的玩具 / 理财用品、发票等 / 打印机类 / 电脑（周边用品）、手机 / 药品 等

• 客厅

常用家电（电视机、遥控器等）/ 家用游戏机 / 书籍、杂志、报纸 / 电脑（周边用品）、手机 / 玩具 / 纪念品 / 季节性的装饰品 / 每天需要使用的物品、出门时的必要物品 / 文具用品 / 文件、传单、快递物品 / 日用杂物 / 手工、缝纫用品 等

• 其他　收纳在哪里？

打扫用品 / 工作相关用品 / 宠物相关用品 / 收藏品类 / 室外用品 / 体育用品 / 旅行包（行李箱）/ 防灾用品 / 接待客人用品 / 祭奠用品、佛像 / 纪念品 / 应季的家电 / 兴趣爱好用品、乐器等 / 花瓶等季节性的装饰品

3

在哪儿？收纳什么？

适合活动流线的收纳设计

沿着流线布置收纳空间

到目前为止，我们针对"我们究竟希望打造怎样的住宅""如何减轻或者消除我们目前居住过程中的不满"等问题进行了思考。

那么现在让我们开始具体思考，"不容易零乱的布局"或是"便于收拾整理的收纳"究竟是什么样的吧。

在上文中我们也有提到，无论是做饭、更衣还是进行其他的任何一种家中的活动时，在要使用物品的地点放置需要的物品，即"让流线最短"是收纳设计的基本原则。

因此，最为关键的就是，尽量能沿着"你的活动线路"布置收纳空间。比如说，如果每天在2楼的厨房做饭时，听到1楼的洗衣机洗完衣服之后的"滴滴"声就得跑下楼去收拾洗完的衣物会让你感到很麻烦的话，考虑把洗衣机设置到厨房附近也未尝不可。又比如说，每天取回的晾晒完的衣物总是来不及叠好，在沙发上堆成山的话，也不必责怪和强迫自己去收拾，考虑在屋子里设置一个乱了也没关系的洗衣间如何呢？扔掉那些"必须要这样子"，或者"这样才是理所当然"的牛角尖，打造一个适合自己的空间和收纳方式才是能够轻轻松松生活下去的要点。

比如说，将文件盒整整齐齐地排列在书架上，即使文件盒内部的摆放并不整齐，但从外面看来也不影响美观，这不失为一种能很方便地维持房间整洁的做法呢。柜子中收纳的物品即使很零乱，但是柜门一关就可以把这种不整洁的状态给隐藏起来，这样的方法也是可行的。不去追求看不见的地方的完美，保持适当的"松散性"，就是轻松地维持房间整洁的秘诀了。

对于家这个整体来说也是同样的道理。稍微牺牲一些客厅或者各个房间的面积，来打造一个类似收纳间或者杂物间这种即使乱了也没有关系的后备空间，整个家中就会很自然地变得整洁起来。

不过，这些空间的大小、进深、宽度、高度都需要细细斟酌，并不是越大越好。可以选择方便移动或可调整高度的柜子或架子，在选购细节上多下一番功夫。

本书中将介绍一些使你感到越用越方便的收纳空间，并且用列表的方式清晰地说明，在各种收纳空间中所能收纳物品的容量。事实上，每个家庭的家庭结构、生活方式和物品的数量都有所不同，完全可以根据自己的实际情况来判断"可以作为参考"还是"不需要参考"。请大家自由地把书中的布局改造成"自己的定制版本"吧。

关于插图和图纸中符号的用法

接下来将介绍各个空间中的收纳布局。在看插图或是图纸时请参考以下的用法说明。

数字
- 下文中未作特别注明的表示尺寸的数字均采用"mm(毫米)"作为单位。
- 图中标记的尺寸仅为参考。
- 实际应用时,请实际测量希望收纳的物品的尺寸再做出判断。
- 柜子隔板等部件必要的厚度(尺寸)未在图中标示。

  ※ 收纳的物品不同,部件的尺寸也不同。在定制置物架的时候,请告诉设计师你希望收纳的物品并与设计师进行详细讨论。
- 收纳用品等物品的尺寸是实地访问时测量的,也有一部分是测量笔者自己的私有物品的结果。

符号

W: 宽度
D: 进深
H: 高度
L: 长度
φ: 直径
FL: 地板高度
CH: 天花高度

≒: 约

R: 冰箱
W/D: 洗衣、干衣机
P: 食品库

Lin: 毛巾柜
St: 收纳库(收纳柜)
Cl: 衣柜
Ent: 入口(玄关)
K: 厨房
L: 客厅
D: 餐厅
BR: 卧室
B: 浴室
BL: 阳台
SK: 水槽(在盥洗室或者洗衣室、阳台等使用的较深的水槽)
Open: 不带门的收纳柜或者收纳间

空间的计算公式

面积(平方米)= 宽度 × 进深

例: 4000mm×6000mm → 4.0m×6.0m=24m^2

用语

固定橱柜：无法移动的橱柜

可动橱柜：可以通过移动调整摆放的位置或者高度的橱柜

隔板轨道：用于安装柜板的，开有间隔均匀的小孔的杆状金属件（又称金属轨道）

隔板孔：设置可移动橱柜时在橱柜侧板所开的间隔均匀的小孔

间隔：隔板之间的距离

晾衣杆：衣柜中用来悬挂衣架的金属杆

有效：有效尺寸。能够实际收纳物品的空间尺寸（又称为内部尺寸）

例：W=800mm（有效）→宽度的有效尺寸是 800mm

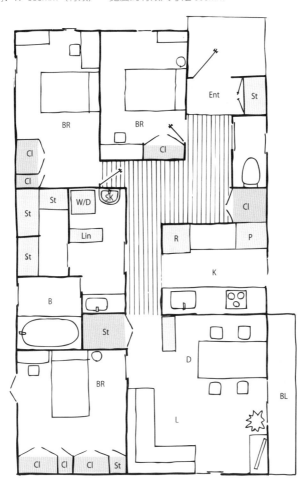

图片参考自：コンパクト建築設計資料集成"住居"（日本建筑学会编.丸善出版）

人与物往来频繁的繁忙路口

区域 1

玄 关

Entrance

玄关可以看作是一个住宅的"脸面"。

玄关是整洁美观还是凌乱不堪，直接决定了来客对于房子主人的印象。然而，在设计新居的时候，很多人都希望让客厅或者厨房尽量宽敞些，但是少有有意去打造一个"宽敞的玄关"的家庭。

诚然，玄关并不是一个用来休闲放松的空间，只不过是从门口通往各个房间的必经之路而已。殊不知，家庭中人和物的来来往往最为频繁的地方正是玄关。

在这里，有着家人每日的"慢走、注意安全"和"欢迎回来"的温馨，也有对客人"欢迎、请进"的热情相迎，有各种快递和邮件源源不断地飞来，也有各种垃圾和杂物陆续地离开。虽然大多数物品都只是"临时放置"在玄关，但是接踵而来的各种物品如果不及时收纳起来，就会在玄关甚至走廊中不断积累，一发不可收拾。

玄关中物品堆积可以说是很必然的事情。既然如此，与其每次都不辞辛劳地将玄关中的物品搬运到各个房间或者收纳柜中，何不在玄关中设置一个收纳物品的空间呢？

"就稍微放一下"的积累运动

脱下来后随手乱扔的鞋；本想放置装饰用鲜花的矮柜台面上传单和邮件堆成了小山；阅读过后待回收的报纸、杂志；刚买回来后被堆积在玄关的沉重的大米和纯净水……虽说"每天要用的物品不收起来也可以"，但是也得有个限度才行。

只需要 3m² 的玄关收纳间就能轻松解决

要解决玄关物品堆积的问题，只需要 3m² 足矣。最好的方式是打造一个能穿着鞋进入的步入式玄关收纳间。这样，无论是大而重的物品，还是大衣、鞋类这些容易散乱开的物品都能一下子整理干净了。

平面布局

从玄关进门之后可以直走进入走廊，也可以打开右手边的门进入玄关收纳间。玄关和收纳间形成了一个无论从哪个方向都可以走得通的环形路线。

玄关进门后立刻就是利用走廊墙面空间打造的鞋柜，这样就不用每次都到收纳间里收放鞋子，更方便啦！

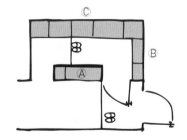

打造灵活多变的鞋柜

摈弃掉堆满了传单和邮件的矮柜，采用天花板通高的大鞋柜，有效利用可移动的橱柜隔板就能够让收纳能力达到最大化。

隔板采用可移动式的
鞋子的高度各不相同。隔板托的小孔之间的间隔大约 3cm。

柜子高度的间隔
隔板之间间隔距离的参考值是鞋子高度 +30~50。太过紧凑的话鞋子的取放会比较困难。

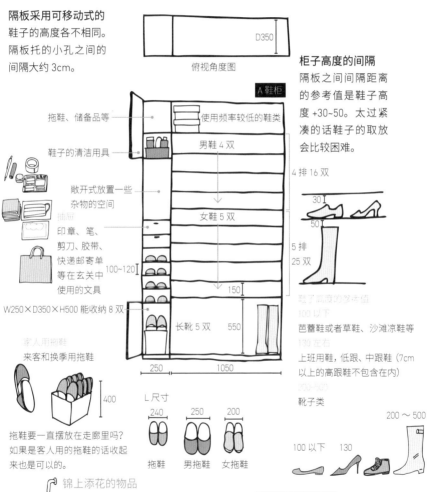

俯视角度图

D350

A 鞋柜

拖鞋、储备品等 —— 使用频率较低的鞋类

鞋子的清洁用具

敞开式放置一些杂物的空间
抽屉
印章、笔、剪刀、胶带、快递邮寄单等在玄关中使用的文具

男鞋 4 双

女鞋 5 双

长靴 5 双

100~120

W250×D350×H500 能收纳 8 双

家人用拖鞋
来客和换季用拖鞋

拖鞋要一直摆放在走廊里吗？如果是客人用的拖鞋的话收起来也是可以的。

4 排 16 双

30
50

5 排 25 双

鞋子高度的参考值
100 以下
芭蕾鞋或者草鞋、沙滩凉鞋等
130 左右
上班用鞋，低跟、中跟鞋（7cm 以上的高跟鞋不包含在内）
300~500
靴子类

200~500
100 以下   130

250   1050

150
550

L 尺寸
240   250   200
拖鞋   男拖鞋   女拖鞋

锦上添花的物品
扶手和椅子
不光是为了行动不便的人和老人，扶手和椅子还能给很多人带来便利。

A 鞋柜的收纳量
平面面积 0.6m² 左右，收纳柜的可用面积和约相当于约 6m²！

下雨天能直接收起潮湿的雨伞的收纳柜

玄关靠近换鞋处的收纳柜，可以收纳雨伞、雨衣或是行李箱之类的物品。这些物品如果要收纳到干净的房间中不免有些麻烦，因此将它们就近收纳在入口附近更为合适。

B 和 C 收纳柜加起来……
平面面积约 1.5m² 左右，收纳柜的可用总面积约 12m²！

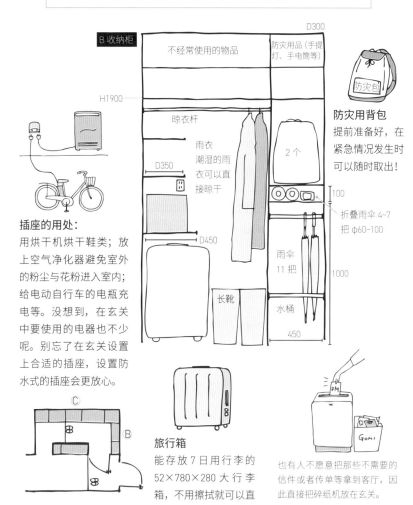

B 收纳柜

不经常使用的物品

防灾用品(手提灯、手电筒等)

D300

H1900

晾衣杆

雨衣
潮湿的雨衣可以直接晾干

D350

D450

长靴

2 个

100

折叠雨伞 4~7 把 φ60~100

雨伞
11 把

水桶

1000

450

防灾用背包
提前准备好，在紧急情况发生时可以随时取出！

插座的用处：
用烘干机烘干鞋类；放上空气净化器避免室外的粉尘与花粉进入室内；给电动自行车的电瓶充电等。没想到，在玄关中要使用的电器也不少呢。别忘了在玄关设置上合适的插座，设置防水式的插座会更放心。

C

B

旅行箱
能存放 7 日用行李的 52×780×280 大行李箱，不用擦拭就可以直接收纳起来。

也有人不愿意把那些不需要的信件或者传单等拿到客厅，因此直接把碎纸机放在玄关。

进深 300~450 的收纳力

比在住宅里面的收纳柜更方便好用。靠近走廊一侧的柜子也可以
作为食品收纳柜（食品库），起到大作用。

比起卧室的衣
柜，大衣、帽
子这样的外出
用衣物更适合
被收纳在玄关。

准备送到跳蚤市场或者回收
站的物品也存放在这里。

寄卖行

给清洁用具们准备一个
固定的收纳空间吧。

C 收纳柜

D450

CH2400

圣诞节用品或者节日用品	宠物的换季用品	用于保存的物品	不经常使用的物品

500

H1900

帽子等

临时存放快递邮件

大衣1300

蔬菜

大米、成箱买的啤酒

较重的物品、瓶装水

室外用物品

废弃品的临时存储

旅行用品

工具类

跳蚤市场预备品

自行车用品（头盔等）

烘干器或者充电用具

1200

1600

高尔夫用具或婴儿车等（或是室外用的清洁用具）

随手收纳的水桶

手帕或者外出用的物品

室外游戏用的玩具

垃圾的临时存放处

行李箱

850

600

地板←——从这里开始——→脱鞋处

500   600
||

每天使用的大衣、背包
客人用衣架

洋葱   橘子

水   大米

水或者啤酒、大米、水果等
保存在阴暗处最为合适。

可以用于报纸、杂志、
纸箱或者可回收垃圾
的临时保管。

高尔夫用具或者行李箱也能
被整整齐齐地收纳好。

053

紧凑空间中的多功能集中之地

盥洗室

Washroom

　　日常生活中必不可少、利用率极高的盥洗室中，实际上存在着非常多样化的使用需求。

　　首先是洗脸、刷牙、化妆、护发、剃须、穿戴隐形眼镜这样的日常洗漱工作。其次，在盥洗室连接着浴室的情况下，它又成为一个换衣间来脱衣，很多人洗完澡也会顺便在这里换上干净的内衣与睡衣。同时，它在很多情况下还兼有洗衣间的功能。

　　特别是忙碌的工作日早晨，妈妈在这儿化妆，爸爸在这儿刷牙，女儿要洗澡……家庭成员人数越多，这个空间中的拥挤程度也就越严重。要是早晨还需要在这儿洗衣服的话就更会乱成一锅粥了。

　　家庭成员的人数越多，物品也会越多。近年来，不光是女孩，越来越多的男孩子到了初高中之后也开始使用个人护发和护肤用品。

　　此外，洗衣、沐浴、清洁卫生相关的物品也是非常容易集中堆积。在相对来说被门和窗占据了大部分墙面面积的盥洗室中，要为这么多的物品腾出收纳的空间来，真是非常困难……

　　导致盥洗室中零乱不堪的最大的原因在于，这个空间中进行的"活动"过于紧凑拥挤了。我的提议不是单纯地增大盥洗室的面积，而是建议大家适度地将日常的化妆、更衣、洗衣等类似的"活动"分散到其他空间中去进行，并将相应的收纳空间与之关联起来。

每天早晚是盥洗室地盘战的高峰期

一般来说，一个人单独使用的情况下，盥洗室只需要3.3m²左右就足够了。然而问题是，在每天早晚的时间段中，家人的洗漱化妆、更衣、洗衣的活动非常集中。这样一来，流线混杂，物品也非常容易变得杂乱。所以为何不将这3种"活动"分散开呢？

选择更方便洗漱化妆的洗脸池

如果洗脸池本身方便使用的话，洗漱化妆这样的事情也会进行得效率更高。在选择洗脸池的时候请一定要在展示商店或者商品目录中观察仔细。首先从洗脸池的台面下开始观察吧！

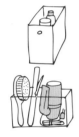

物品立起来放置更容易取放
在抽屉的高度允许的情况下，烫发棒或者卷发棒这种长度超过 30cm 的物品建议立起来收纳。

不同深度的抽屉用于收纳不同的物品
抽屉并不是越大越好。抽屉的深度能适配于收纳物品的大小才是最关键的。在抽屉中放置配合分隔用的收纳用品日常使用会更方便。

深度 80~120 的抽屉
用于收纳棉签、化妆棉或者化妆用品等。

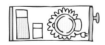

深度 150~160 的抽屉
将较小的化妆瓶和梳子等物品立起来收纳最合适。吹风机收起来也能放进去。

深度 250~300 的抽屉
要将化妆瓶、护发素瓶、大梳子等立起来收纳的话，需要达到这个深度才合适。

收纳能力强的抽屉类型
从护肤品、化妆品、电动牙刷到剃须刀，从大物品到小物件，能让有限的收纳空间被充分利用的抽屉才是收纳能力强的类型。

定制好用的敞开式收纳柜

用自己心仪的木材、水池、瓷砖等材料，打造一个独一无二的洗脸池也是不错的。

全敞开式

需要收纳的物品数量不多的话，选用图中的全敞开式收纳柜并按分类整理毛巾等物品也是一种选择。

与抽屉组合的半敞开式

这样的组合使用起来也是很方便的。靠近地面的位置采用敞开式收纳柜可以更方便地放置垃圾桶和洗衣筐等。

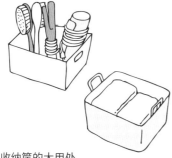

收纳筐的大用处

将经常使用的物品集中收纳在藤条或者无纺布材质的收纳筐中会更清爽。外形美观而且可以随手收纳各种杂物。预备好来客用的毛巾或者洗面用品套装的话，即使有突然造访的客人来也能从容应对。

多功能敞开式收纳柜

能将诸如毛巾、脱下的衣物、化妆品、护发用品、晾衣架、水桶、体重秤等各种想用的物品都恰到好处地收纳起来，这就是定制型的收纳柜才能独有的功能了。

镜子与收纳

市面上常见的成品洗脸池中经常会出现的问题是，尽管镜子后面有收纳柜，但是因为"用起来麻烦"，所以物品都被随手堆放在了台面上。要如何才能让你更方便地将用完的物品放回原处呢？

能拉出来的三面镜

在整理发型的时候三面镜是很方便的。左右两侧的镜子如果能够拉出来的话，就能保证较强的收纳能力，同时使物品的收放也更容易。

镜子后方的收纳用起来方便吗？

镜子下设置独立收纳筐

镜子就是作为纯粹的镜子来使用。镜子下的墙壁上设置能将梳子等日用品立起来放置的收纳筐（比如无印良品等）也是一种方式。

需要设置放大镜吗？

普通镜子的旁边设置放大镜，会让修睫毛或者修眉、化妆等更方便。

侧面也设置收纳柜是最好的

不光是镜子的后方，洗脸池的侧面如果也能设置用于收纳常用物品的柜子的话，物品就不容易散落在洗脸池的台面上了。

与敞开式收纳混合使用

经常使用的物品就放置在敞开式收纳柜上，镜子后方的收纳柜中放置不经常使用的库存物品。

在盥洗室中经常会使用的电器有哪些?

从吹风机、烫发棒这样的护发用品,到家用美容仪、电动牙刷、电暖器这样的电器,在盥洗室中的常用电器种类竟然如此之多。

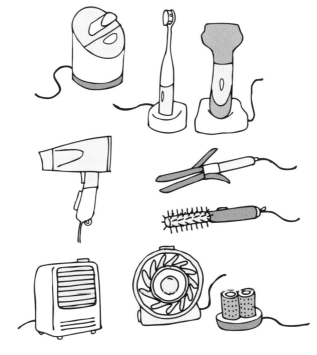

在恰当的位置上设置合适数量的插座

在新建或者翻新住宅前不可忽视的一点是插座的设计。吹风机或者卷发棒、电动牙刷等电器使用插座设置在洗脸池的台面上方。隐形眼镜的洗净器、美容器、剃须刀等物品较多的话可以将插座设置到房间的照明开关下方、在距离地板 90cm 高处设置双口插座。如果使用毛巾加热器等高功率的电器的话,需要设置带地线的插座。电暖器、电风扇、洗衣机也需要设置单独的带地线的插座。不论是哪个位置的插座,都一定要在设计房间装修方案前就安排计划好。

059

毛巾柜

除了洗脸池以外，如果有条件的话也可以考虑在盥洗室中设置一个能用来收纳毛巾、内衣和睡衣等织物的毛巾柜。尤其是当浴室在布局上紧邻着盥洗室的情况下，你再也不用担心会发生"啊，忘了带内裤进来了"这样的事情了。这样的设置能避免"洗面化妆"和"更衣"的流线交叉，物品的储存空间亦能得到保障，也就不容易弄乱了。

毛巾柜所必需的尺寸是多大？

将浴巾按下图这样的方式来折叠的话，边长大约是 370。先对折之后再卷起来的时候，大约直径 140× 长度 370。也就是说，毛巾柜的深度在 400 左右就没有问题了。毛巾柜的宽度设计为 450~600 的情况比较多见，但能做到 300 宽也是很方便的。

折叠毛巾方法示例

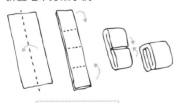

常用毛巾的尺寸
运动毛巾 400×1200
手巾 300×340
大块浴巾 510×860

浴巾 (730×1270)

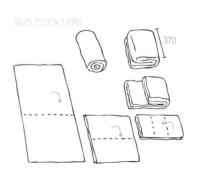

370

毛巾柜的例子

经常使用的毛巾可以放在敞开式收纳架上，备用毛巾和来客用套
装可以收纳在较高位置的带门的收纳柜中。从腰部往下的部分做
抽屉式收纳会更理想，较深的收纳柜可以用来收纳较大的浴垫或
浴袍等。盥洗室中通常湿气重，也容易沾灰尘，上下部分都能设
置柜门的话会更好。

来客用套装、备用毛巾等

较浅的抽屉（H150）可放置
手巾、内衣、家居服等

较深的抽屉（H350）可放置
浴袍、浴垫

使用后的毛巾
也能轻松收纳

为使用后的湿毛
巾也指定一个位
置吧

不用的时候可以折
叠起来的毛巾架

可以兼做电暖器的
毛巾烘干架

从洗衣前到衣物晾干、折叠收纳的漫长旅途

区域 3

洗衣间 / 盥洗室

Laundry room

在日式住宅中，将洗衣机设置在盥洗室中的一角似乎是主流的布局方式。但是，将洗衣和洗脸的场所分开设置绝对会更方便。

事实上，和洗衣相关的一连串工作相对复杂，并不是单纯的"只要有洗衣机就能解决"的。诚然，全自动洗衣机已经成功地将我们从繁重的手洗衣物"艰苦劳动"中解放出来了，像"烘干不起皱"等高科技功能也在不断增加中。

但即便如此，家居清洁或者是想要只洗涤一部分衣物的时候没有一个能够把各种衣物和家居用品分开的场所、没有浸泡衣物的地方、晾衣处离洗衣的地方太远、没有室内晾晒的场所、等着熨烫的衣物堆积如山等诸如此类的烦恼依然存在。

从清洗前到最终收纳进衣柜中，几乎没有一样家务劳动是需要像洗涤衣物这样需要在家中到处移动的。我们需要解决的问题就是，尽可能地去缩短从洗衣、晾晒到熨烫、折叠、收纳的流线，并且尽可能地去提高每一个步骤的工作效率、尽可能地收纳好洗衣粉、晾衣夹、电熨斗等杂物，来减少我们家务中的烦心事儿。

在这里，希望大家能考虑的是，在有条件的情况下设置独立的洗衣间或者家务间。

总免不了的低效闲逛

洗衣前临时的放置、晾干后到折叠、熨烫、室内晾晒、将衣物折叠之后收纳入衣柜或者抽屉……从洗衣间到阳台到客厅、和室再到卧室，这条流线越长，在洗衣这整个一连串的过程中就越容易开始闲逛，家务的效率也不免降低。

洗衣的常见流程

如果有独立洗衣间的话

洗衣、熨烫等家务所专用的房间在国外多被称为洗衣间，近来，日本也开始越来越多地将其引入到住宅的设计中。有一个即使狭窄，但是独立的、"乱了也没关系"的空间，能让你的烦恼一下子减少不少。再也不用在家中的横梁或者窗帘杆上晾衣服了！

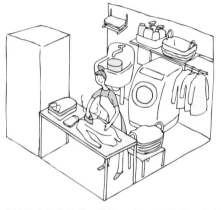

将清洗衣物的分类、洗涤、晾晒、熨烫的工作空间集中起来，让"后方空间"的功能更充实。这样客厅、餐厅等"前方空间"就会自然变得整洁起来。

下雨天也可以安心晾晒
在天花板上设置可以上下升降的室内晾衣杆。回家晚或者下雨天的时候也可以安心地在室内进行晾晒。

分类用洗衣筐
根据衣物清洗的频度、容易掉色的程度、贵重的程度以及是否需要采用部分清洗的方式给待清洗的衣物分类，并决定好各种类别所使用的洗衣筐的大小、数量和放置的位置。将等待熨烫的衣物也放在固定的位置上。

熨烫台也没必要收纳起来
因为洗衣间完全是个"后方空间"，熨烫衣物的折叠台也没有必要随时收起来，就这么放着就好。

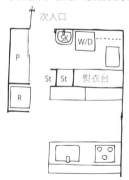

洗衣间设置在哪儿最方便？
洗衣间设置在靠近盥洗室或厨房的位置，或是临近次入口、阳台的位置会更方便。

污水槽

污水槽是指用于清洗抹布或者拖把等的较深的水池。在美国，它也被称为多用途洗涤盆（utility sink），它可以用来浸泡洗涤脏拖鞋、袜子等，尿布、宠物用品等这些不太方便放进洗衣机中洗涤的物品也都可以在这儿清洗。它也可以缓解洗脸池的拥挤状况。

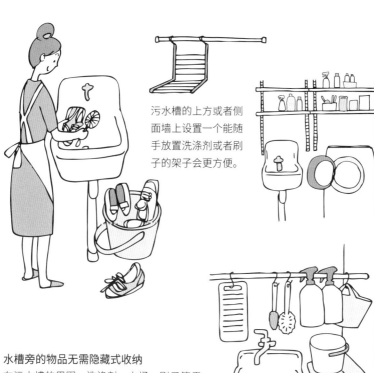

污水槽的上方或者侧面墙上设置一个能随手放置洗涤剂或者刷子的架子会更方便。

水槽旁的物品无需隐藏式收纳
在污水槽的周围，洗涤剂、水桶、刷子等需要用到的物品都可以不用收纳起来。作为一个弄乱了也没有关系的空间，直接在墙壁上设置可以自由移动的收纳杆会更方便。推荐能直接支撑在墙壁上，把各种物品挂起来的收纳方式。

便利的流线是什么样的?

在进行洗衣间的室内方案设计时,尽量把它定位在能缩短家务流线的位置吧。

设置在厨房和盥洗室之间
做饭时突然听到洗衣机发出清洗完毕或者故障的"哔哔"的声时,可以立刻走过去。

设置在阳台的附近
晾晒过之后,如果有没有干透的衣物可以直接放到室内晾晒的位置。洗衣间靠近阳台的话,散着步就可以把这个工作做完了。

将洗衣间设置在厨房和盥洗室之间的户型图 **将洗衣间设置在阳台附近的户型图**

设置在走廊并用推拉门遮挡住
即使不是一个"房间"也可以放置洗衣机。用推拉门遮挡起来,即使有些散乱的细节也可以很快地把它们藏起来。

洗衣和洗脸都在同一个空间的话

由于住宅本身的限制，只能把洗衣机放在盥洗室中的情况也是很多见的。这种情况下，就需要仔细地安排洗脸池、毛巾柜、洗衣等各种功能空间的布局，或者灵活调节收纳的高度来让流线变得清晰起来。

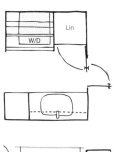

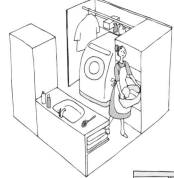

洗涤剂放在容易取到的高度上。

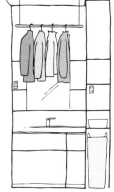

洗脸台和收纳柜
天花板上设置可以上下调节高度的室内晾衣杆。收纳柜设置成可以从侧面打开的方式，下部设置放换洗衣物的洗衣筐。

洗衣机和毛巾柜
有效利用洗衣机上方的空间。可以装上吊柜来收纳洗涤剂、洗衣粉等，也可以设置用来临时挂一下从洗衣机中取出的衣物的可移动式晾衣杆。

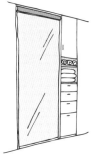

有客人来时可以立刻藏起来
即使洗涤剂等物品很杂乱也可以通过推拉门或者帘子立刻遮挡起来就没有问题。

面积虽小、但需要足够舒适度的空间

区域 4

卫生间

Toilet

最近，不少人开始喜欢上在打造得像书房一样精致的卫生间中读书，这是卫生间在本来应该具备的功能上增加的一些附加值。

很多设计师会认为，"卫生间而已，不用多大的空间"。因此通常来说，卫生间大多数都被设计成宽 900mm，进深 1400mm 的尺寸。

在我访问过的家庭中，物品最齐全的卫生间里，除了打扫卫生用的毛刷、洗手液、毛巾、除臭剂、垃圾箱等物品之外，还储存着 12 卷卫生纸、各种尺寸的生理用品、4 条卫生短裤、4 块手巾、简易防灾用卫生间套装、一罐备用的除臭剂、2 袋备用的湿巾、2 盒纸巾、2 瓶备用的洗手液、备用的拖鞋、备用的装饰画框中的卡片等众多的物品。

即使没有像这个个案这么夸张，但实际上卫生间中物品的数量还是超过很多人想象的。即便如此，卫生间中的收纳空间还是大多数集中在马桶上方的吊柜这种不容易够得着的地方。重新规划一下卫生间的收纳位置，仅仅需要稍微扩充一点儿卫生间的尺寸，就足以让卫生间的舒适指数大幅上升了。

过高的架子和全堆在地板上的收纳，真让人发愁

我的天！
刚方便完忽然发现"天啊，没有纸了"，这种尴尬的事情大概所有人都经历过吧。这时候就只期待着厕纸大人赶快来救命了。

够不着！
跨过马桶的进深还得伸手去取高架子上物品真的是很难。而门上方的收纳架更是高不可攀。

直接堆放在地板上的各种洗洁剂
把打扫卫生间必要的洗洁剂和刷子都堆在地板上的情况应该会在很多家庭中出现，但这样的话地板就很难打扫了，好纠结。

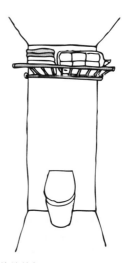

可伸缩的架子
高度倒是能自由变化了，但是视觉上又实在是不美观。不能两全其美真伤心。

069

把收纳设置到卫生间的侧面吧

卫生间中要收纳的物品虽然多，但每种物品的尺寸却不大。不妨将卫生间的宽度稍微放大一点儿，在马桶边设置进深 180 左右的收纳柜吧。当然，如果空间上有余地的话也可以将收纳柜的进深做到 300。

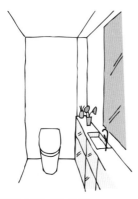

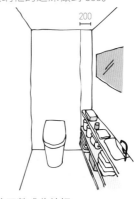

侧面的封闭式收纳柜

设置了柜门的收纳柜能够有效防止灰尘进入，并且使外形统一、美观。不过在靠近地面的部分可以留出一些空隙，让空间看上去更宽敞。

侧面的开敞式收纳柜

马桶侧面多留出 200 左右的空间就可以设置小的洗手池了。采取敞开式收纳时需要注意不要塞太多的东西。洗洁剂等备用品可以放在收纳箱或者收纳盒中后再放到收纳架上，视觉上会更美观。

储备用品可以放到较高的吊柜中

储备用品数量多的情况下，可以考虑设置位置较高的吊柜。小物品可以配合收纳筐等用品进行收纳。吊柜进深达到 300 的话，12 个装的卫生卷纸就可以连着包装直接放进去收纳了。

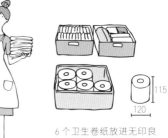

6 个卫生卷纸放进无印良品的收纳盒中刚刚好。

低且薄的墙面收纳

马桶背后的墙壁自然也是很好的收纳场所。实用的收纳高度是在
视线以下的位置。如果你使用的是不带水箱的马桶的话可以在距
离地面 800 左右的高度上设置收纳柜。

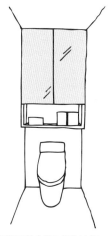

置于马桶背后的封闭式收纳柜
比起又高又深的收纳柜，更推荐使用厚度
不那么大的柜子进行墙面收纳。这种收纳
柜也很实用，只要进深达到 180 的话就可
以收纳各种物品了。

墙壁的敞开式收纳柜
敞开式收纳中尽量选择放置毛
巾或者装饰品这种能让人赏心
悦目的物品吧。

利用墙壁厚度的壁龛式收纳
利用墙壁的厚度也可以设置壁龛式收纳。能恰好收纳
一排卫生卷纸的收纳架的隔板进深是 120。

治愈一天疲劳的绿洲

区域5

卧 室

Bedroom

家最重要的功能就是让人忘却疲劳、放松身心，而其中，卧室更是一个特别需要创造慵懒自在的悠闲的环境的房间。

正因为如此，在卧室中，尽量避免过多进入视线的繁杂信息才是最为关键的。

有大量繁杂的信息进入视线的空间就仿佛是大都市的繁华街道一般。即使不希望主动思考，也有大量的信息自动地进入人的脑海中刺激着你的大脑，让你的大脑在无意识中开始活动，更不用说有时间让它休息放松了。

不管你的内心多么渴望深度睡眠，都要先搞清楚你的卧室本身有没有成为一个反而让你睡不着的地方呢？

此外，在充斥着各种物品、杂乱无章的卧室中，还有一个不利之处存在……

睡梦中，地震等自然灾害或者是火灾发生时，脑子还在昏昏沉沉中，人只能凭着"本能"来活动。这个时候，我们就需要避免因为信息量太大而导致判断错误，或者是被散落在地板上的各种杂物、大件家具挡着没法儿及时逃生的诸多情况。在阪神淡路大地震时，我也亲身经历过巨大的 CRT 电视飞出 3 米远的情况，因此能切实地感受到这种危险性。

不论从哪个角度来看，我都极力推荐保持卧室简洁清爽。

以酒店为模板

卧室是让身心得以休息的场所。因此，只放置必须的物品，让物品最少化，并配以柔和的灯光就足够了。尽量不要放置多余的物品或者容易掉落的物品。

这是一个能让人安心的环境吗？
可以参考你喜欢的酒店来让卧室的配色更加稳重，室内风格更加简洁。

这些物品有备无患
手电筒、鞋子（室内鞋或者拖鞋均可）、
口哨等放在伸手就能立即取到的地方。

安心和安全第一
重点是有突发情况时可以随时迅速行动。

适合我家的卧室是什么样的?

虽说卧室只要能让人放松身心就行,但是具体是放床还是在日式和室中打地铺还是需要选择的。另外,根据家中是否会有客人留宿,所需的被褥数量和收纳空间的大小也会大不相同。首先让我们确认好这些基本的条件吧。

如果家中完全没有客人留宿的话,只考虑家人所需的收纳就足够了。如果偶尔有客人留宿,临时租用被褥也是不错的方式。我们知道,如果每次留宿的人数最多 2 人,就没必要准备 5 套被褥。睡床的话就没有必要准备地铺的床垫了。羽绒被比棉被收纳起来更节省空间。需要频繁更换被罩、被套的人要准备相应的、足够数量的被罩、被套。像这样,按照"我家的标准"来决定所需的床上用品吧。

床上用品的情况检查

☐ 每年有几次客人留宿、每次几人?　　☐ 床单、被罩每天都需要更换吗?
☐ 选择床还是在日式和室中打地铺?　　☐ 会使用毛毯或者毛巾被这些床上用品吗?
☐ 选择盖棉被还是羽绒被?

如果床上用品不多的话……
收纳在床下或者脚边的空间也是一种方法。

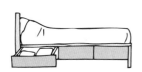

床边留出 90 以上的空间,就可以把床单、枕巾等收纳到床底下的抽屉了。

床边放置毛毯箱也可。

放置床的注意点
在决定放置床的位置时,床的周围留出 600 以上的空间比较理想。如果小于这个尺寸,通过的时候屁股很容易撞到墙。

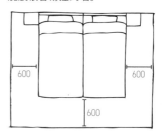

关于壁橱的利与弊

被子就应该放在日式和室的壁橱里,这个概念似乎已经深入人心,成为理所当然的做法,实际上壁橱直到明治时期以后才得以普及。不过,壁橱似乎和现代的床上用品的尺寸不是很匹配。

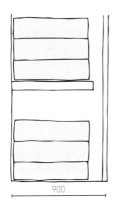

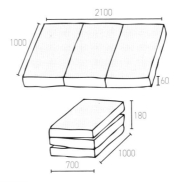

过大的进深

一般来说将床垫或者床褥三折之后,进深大概是 700。可是一般来说壁橱的进深都在 900 左右。即使保留一定的余地,也只需要 750 左右的进深就足够了。

竖起来收纳床垫?

想要将床垫竖起来收纳,可是被壁橱"中段"的隔板碍着塞不进去。嗯,真是麻烦了!因此,不妨摈弃"没有壁橱不行"的执念,自由地思考什么样的"床上用品收纳柜"会更好用吧。不过,橱柜下层容易积累湿气和灰尘。床上用品还是收纳在膝盖以上的高度会更好。

床垫横过来也塞不进去

一间壁橱大约宽 1800,装有 2 面推拉门。也就是说打开门,开口宽度也只有不到 900。单人用的床垫或者床褥的宽度一般都在 1000 左右,取放时很容易磕碰到。双人用的床垫、床褥则更是如此了。

尺寸的总结

好像知道又模模糊糊的床上用品的尺寸。在这里总结一些常见的尺寸吧。

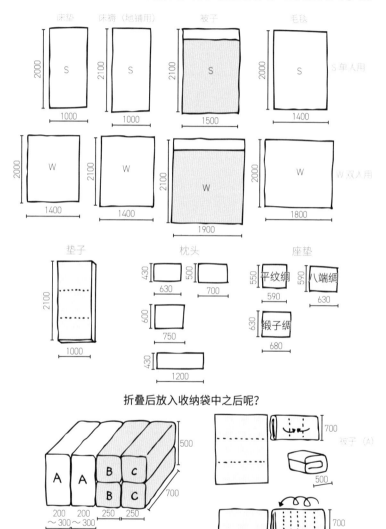

折叠后放入收纳袋中之后呢?

※A是使用"收纳之家"的"被子收纳袋"的情况。

恰到好处的床上用品收纳是什么样的?

不妨设置一个比壁橱的宽度（约 900）更宽，进深更窄的床上用品收纳柜吧。本书第 88 页中那样的步入式衣柜中设置专门用来收纳床上用品的开放式收纳架也是不错的。

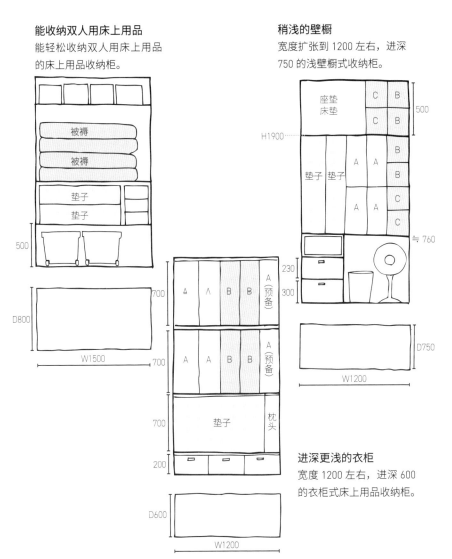

能收纳双人用床上用品

能轻松收纳双人用床上用品的床上用品收纳柜。

稍浅的壁橱

宽度扩张到 1200 左右，进深750 的浅壁橱式收纳柜。

进深更浅的衣柜

宽度 1200 左右，进深 600的衣柜式床上用品收纳柜。

区域 6

衣 柜

Closet

让每天挑选衣物变得更方便的衣物整理方法是什么？

　　能立即找到自己想穿的衣服，并迅速准确地取出然后精心打扮一番；换下的睡衣或者准备送去洗衣店的衣服能有一个临时放置的空间就更完美了。这两种情况应该是很多人心中的理想状态。如果拥有这样的一个衣柜，每天的生活该会变得多么舒适愉悦呀。

　　可事与愿违，从我从业至今为止所进行的家庭访问的经验来看，最容易荣登家中物品零乱概率榜首的就属"衣物"了。

　　衣物出现在客厅的沙发或者地板上是很多家庭中见怪不怪的情况；甚至还有在椅子背上堆叠了无数层的"衣服千层酥"；盥洗室中的待洗衣物从洗衣筐中蔓延出来；好不容易洗完晾干的衣服被随手放置在走廊里。各种各样的"衣物事故现场"真的很让人崩溃。

　　既然衣物在衣柜外都这么乱，那么衣柜里一定是拥挤不堪了吧？这么理所当然地想着，然而打开衣柜一看却是空空荡荡的……

　　当然也有一些衣柜是塞满了东西的，不过三分之一都被行李箱、礼物、高尔夫用品、书、相册这些衣服以外的物品给占据了。

　　为什么会这样呢？一根晾衣杆的上方粗暴地架着一块隔板的衣柜本身设计就有问题吗？让我们再来思考一下，究竟什么样的衣柜才是好用的吧。

令人迷惑的衣柜之谜

衣物在家中各处散乱着，可是衣柜内却空空如也；还有一种情况，虽然是衣柜，却成了近乎仓库的状态。要知道，衣柜就是把衣物统一管理的地方。

好用的衣柜是什么样的?

能契合居住者的衣物数量、收纳方式、整理维护等行为特征的衣柜才是理想的衣柜。

难用的步入式衣柜?
L 型或者 U 型的步入式衣柜中由于存在死角,所以比你想象中更难以使用。

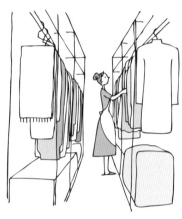

合理地整理各类衣物
衣柜原本是根据国外的生活方式而设计的,可以更好地集中整理各类衣物的空间。

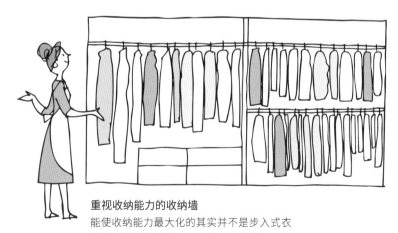

重视收纳能力的收纳墙
能使收纳能力最大化的其实并不是步入式衣帽间,而是收纳墙式的衣柜。衣柜中的一切都一目了然,且取放非常方便。

你的衣柜适合用来穿衣打扮吗？

能结合完成选衣、更衣、选择和佩戴首饰及皮包等一连串行为的衣柜更为理想。

衣柜里有这些会更好

准备送往干洗店

全身穿衣镜
能让更衣打扮更快速的必需品。宽 250、高 1200 的镜子就基本能照到全身了。

可以临时放置的空间
可以临时挂或者放那些穿了一次还需要继续穿的衣服、帽子、披肩等的空间；可以临时存放刚从干洗店中拿回来的衣物的空间。如果还有能临时收纳准备送去洗衣店的衣物的空间会更好。

整理着装用的挂钩
身高 160cm 的话，在距离地面 1600~1800 左右的位置上设置挂钩的话会很方便整理着装。挂浴袍的话可以将挂钩设置在身高高度加 200 左右的位置。

插座
如果能在脱穿衣物的地方进行一些简单的衣物维护工作就更好啦。

衣柜的必要尺寸

每个家庭中衣物的数量固然因人而异，但是容易取放衣物的合适高度和进深等却是共通的。不想把衣物全都叠起来堆放的话，还请选择适合自己的收纳方式哦。

进深

男性与女性的肩宽不同

如果没有门的话，衣柜的进深在 450 左右就可以挂女性衣物了。

宽度

人均 3 米

一般来说男性和女性所拥有的衣物比例为 3:7。最近有立体感、不易折叠的衣物式样也在不断增加，因此能供悬挂收纳的晾衣杆长度大约需要设置为家庭人均 3m。

放置男性衣服的带门衣柜进深	600
放置女性衣服的带门衣柜或男性衣服的不带门衣柜的进深	500
放置女性衣服的不带门衣柜的进深	450

衣物的长度的 3 种参考尺寸

检查衣物的长度

根据衣物的长度可以设置上下两段式的晾衣架，增加收纳效率。

短衣物
短西装上衣、衬衫、对折的长裤，长度约为 700-800。

700 ～ 800

中型衣物
外套、较短的连衣裙、男性风衣外套，长度约为 900-1000。

900 ～ 1000

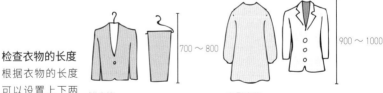

悬挂收纳时的高度需要加上约 100 的挂钩高度来计算。

100

长衣物
连衣裙、大衣、垂直悬挂的长裤，长度约为 1100~1300。

1100 ～ 1300

调整挂衣杆至合适的高度!

日常生活中，经常会出现想要挂起来收纳的衣服太多了，但衣柜中只有一根挂衣杆、长度不够用的情况。我们可以通过在衣柜中设置两段式的挂衣杆，或者通过调整挂衣杆的高度来迎合自己的需要。

2000

1700 ～ 1800

适合身高 160cm 左右女性的挂衣杆高度

手臂向上伸而不感到吃力的高度大约是身高的 1.2 倍左右。在此基础上加上衣架挂钩的高度 10cm 可以算出挂衣杆的最高高度大约是2m, 可以设置上下两段的挂衣杆。

设置时要避免上下两段式挂衣杆挂放的衣服拖到地上的情况，合理选择高度

一般来说挂衣杆设置在距离地板 1700~1800 的高度。在这个情况下设置上下两段挂衣杆，下段的衣物很容易拖到地面上。

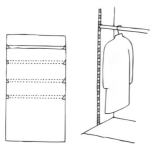

在衣柜中设置墙面基板

为了能在日后增加或者移动晾衣杆，不妨事先在衣柜的正面墙壁或者侧墙上设置基板。根据需要可以安装隔板或者挂衣杆的"节点"。

※ 在设置高度时建议事先咨询专家。

调整到合适的高度

在家中有老人或者有使用轮椅的情况下，通常他们的手臂不容易向上伸展，因此将挂衣杆的最高高度设置为和身高一般的高度更好。

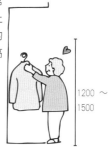

1200 ～ 1500

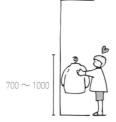

700 ～ 1000

以手能够到的高度为基准，将挂衣杆设计成能根据成长而调整高度的样式吧。

不可小觑的衣架

衣架的材质繁多，包括木质衣架、金属衣架、聚氯乙烯涂料衣架等；用途上也可细分成男用衣架、女用衣架等。根据衣架的材料、厚度、宽度等要素的不同，收纳衣物的件数和便利性也有一定的区别。

衣架的厚度与收纳衣物的件数的关系（衣柜宽度为 60cm 的情况下）

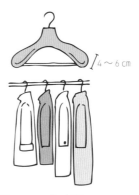

厚度为 1cm 的衣架
用来挂女式衬衫或者薄上衣等平均厚度为 2~3cm 的衣服的话，能收纳 18~25 件。

厚度为 4~6cm 的衣架
用来挂平均厚度在 7~8cm 左右的男性上衣，如果收纳得稍微宽松一些的话，大约能放 6~7 件。

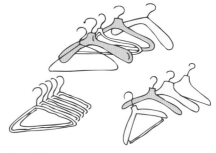

留出 10%~20% 的空隙
为了让衣物的取放更容易，需要留出衣柜宽度的 10%~20% 的空隙空间。确认空隙大小时可以以手张开的尺寸为基准来估算。

统一衣架
同一类衣物选用统一的衣架挂放会让挑选衣物更容易，每一种不同的衣物种类采用统一的衣架也会让收纳工作更清晰。

根据衣物来选择合适的衣架

根据衣物和衣架的兼容性来选择不同的衣架吧。

顺滑方便的衣架
外套或者大衣、衬衫等可以在这类衣架
上被迅速地摘下。

不容易打滑的衣架
即使是女式衬衫等光滑材料的衣物也
不会滑落。

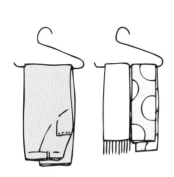

裤子用衣架
可以一步到位地取下和挂起长裤的衣
架，用来收纳围巾或者披肩也是再合适
不过了。

短裙用衣架
短裙用的衣架有各种样式，但尽量选
择与短裙材质相合的、挂起来没什么
压力感的轻质衣架吧。

检验一下抽屉的深度吧

讲完了悬挂收纳，让我们接着来研究抽屉收纳的方式吧。抽屉里衣服塞得过满显然是不可取的。另一方面，抽屉中留白太多也是浪费。根据收纳对象的不同来选择合适的抽屉"深度"最为重要。

不同深度的抽屉所适合收纳的物品

100 左右

腰带卷起来直径大约是100~120mm。抽屉的深度在 100 左右即可。

30~60

首饰的收纳可以用更浅的抽屉。60mm 深的抽屉可以放上下 2 层无印良品的首饰盒。

60~80

适合收纳眼镜、墨镜等。

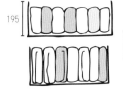

130

浅抽屉

适合手帕、袜子、腰带等可以卷起来竖着收纳的物品。

195

中等深度的抽屉

适合薄毛衣、衬衫、内衣、裤袜等折叠后竖着收纳的物品。

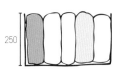

250

深抽屉

适合收纳较厚的毛衣、睡衣等。

抽屉宽度在 600~700 左右最佳
宽度 450 会太窄、超过 750 的话就得用两手拉开了。能单手轻松拉开的抽屉宽度大约是 600~700。

※ 参考：可以选购无印良品的衣柜收纳箱或天马的"Fits"收纳箱

包、披肩、帽子的收纳

很多人习惯于将包收纳到衣柜中挂衣杆上方的架子上。实话说，这样的收纳方式用起来其实并不便捷。此外，帽子和披肩也同样需要专门的收纳位置。因此，不妨为包、披肩和帽子设置一个专门的收纳架吧。这个专用的收纳架的进深在 450 左右就足够了。

想要专门的收纳架！
包、帽子和大披肩都可以被整整齐齐地收纳到一个能一步到位取出的架子上。

D450

和服应该如何收纳？

用可以放进衣柜的和服用衣橱来收纳
没必要为了收纳和服专门买个大型日式衣橱，完全可以用能放进衣柜的小型衣橱来专项收纳和服。想要包得更严密一些的话可以放入和服专用的包装纸中再收纳。

日常生活中经常用到和服的话也可以用悬挂收纳
和服的带子用挂裤子的衣架挂起来刚刚好。

理想中的衣柜摆放位置

衣柜应该设置在哪儿更实用呢？

 紧邻着卧室的步入式衣柜

装有全身镜、也能收纳被褥的房间式的衣柜。镜子的部分作为走道来连接卧室与浴室也是很不错的。

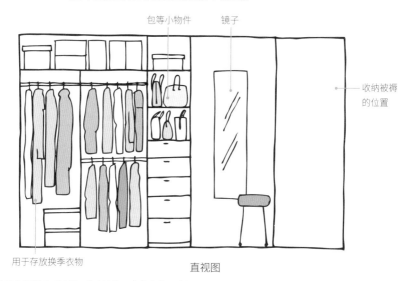

包等小物件　　镜子

收纳被褥的位置

用于存放换季衣物

直视图

墙面上设置可以挂帽子的小挂钩　女性衣物用衣架子　利用墙面 / 安装用于整理着装的挂钩

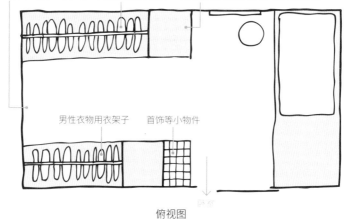

男性衣物用衣架子　　首饰等小物件

卧室

俯视图

Plan 2　卧室的收纳墙式衣柜

左侧用来挂放女性衣物、右侧用来挂放男性衣物，衣柜中的两个
分区大小不同。

女性衣物用　　　　　　　　　　　　　男性衣物用

收纳包或小物件

此处放置稍微挂一下、稍微放
一下、等待清洗的衣物

直视图

男女兼用　　　　　　　　　　男女兼用

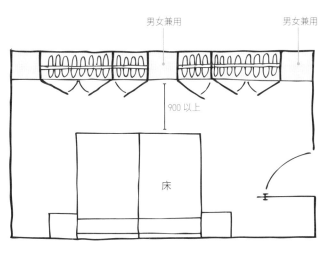

900 以上

床

俯视图

区域 7

厨 房

Kitchen

　　除了经常在外用餐的家庭，可以说在大多数的家庭中没有比厨房的使用率更高的空间了。厨房这个空间中，不断重复着购买食材、将购买的食材放入冰箱保存、做饭、用餐后的收拾等这一连串的活动。想要保证这一连串的活动高效地运行，就必须保证这个空间中所有的物品都有自己恰当的、固定的收纳空间。

　　若非如此，厨房就会迅速地变得零乱。

　　在零乱的厨房中经常能见到如下的三种场景。

　　首先是食材被随意堆放在地板上。酒瓶或者从超市拎回来的塑料袋、洋葱、土豆这些蔬菜或者是大米袋等物品因为没有自己的专属收纳空间而几乎将厨房的地板给淹没了。

　　第二种是烹饪时会用到的家电都堆放在收纳柜外。如果是每天都用的电器也就算了，但是连几乎用不着的东西也都占领着厨房操作台的空间，而且已经到了不知道"砧板应该放哪儿好"这样的状态，那么你就需要提高警惕了。

　　第三种是垃圾箱没有固定的位置，或者垃圾箱的数量不足，因此就导致无处可放的待分类垃圾就分散在厨房的各处了。

　　那么，就让我们来逐一解决这些问题吧。

厨房中常见的种种问题

水池下方的收纳柜中塞不下的酒瓶、塑料瓶、大米、罐头、咸菜瓶都渐渐地被堆放到了地板上。由于无法进行库存管理，不清楚手里都有哪类物品，因此而重复购买物品的情况也屡见不鲜。伸手难以够得着的吊柜里装了什么已经没有人记得了，也记不得一直放在外面的家庭面包机上次是什么时候用的了。自以为很华丽的整体厨房，但是为什么没有放垃圾箱的地方呢？

want!

食品储藏室

如果说冰箱的作用是收纳需要冷藏的物品，那么食品储藏室就是专门用于储存常温保存的物品的收纳库。说到食品储藏室，可能你的第一印象会是一个步入式的豪华大空间，但它其实只需要和冰箱或者窄书柜类似规格的尺寸就可以拥有非凡的收纳能力了。即使仅仅作为储存防灾用食品的空间，我也极力推荐设置一个食品储藏室。如果想减少物品取放时的麻烦，可以采用敞开式收纳，若是担心落灰尘的话也可以加上门。关键还是要看究竟哪一种方式更适合自己。

200×600×2
350×600×1
450×600×4

高度多层收纳的总面积是多少？
如图这样宽 600、进深最大 450 的食品储存库，收纳面积加起来总共能达到 1.53m^2。

托盘类竖起来收纳
将托盘和切菜板、糖果模具等物品竖起来收纳

灵活使用储物箱
袋装食品收纳到进深约 300~350 的柜子中。使用横式文件盒的话收纳柜深度需要达到 350，使用立式文件盒的话可以正好收纳进 300 左右的柜子里去。

进深较浅的柜子中收纳琐碎的物品
进深 200 的柜子也能收纳竖着排列的 3~4 个胡椒瓶或者调味瓶。

较重和较大的物品收纳在储藏室的下部
日本酒或者梅酒、塑料瓶、大米等较重的物品收纳在下部的 400~450 进深的柜子中。

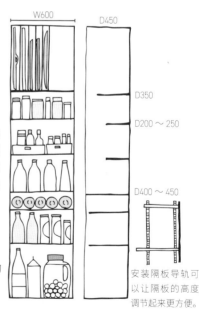

W600　　D450

D350

D200 ~ 250

D400 ~ 450

安装隔板导轨可以让隔板的高度调节起来更方便。

向便利店学习柜子进深的设计方法
柜子并不是越深越好的。柜子太深的话内侧的物品会因为难以取出而被忘记。另外，通过改变柜子隔板的深浅能达到让物品更容易取出的效果。便利店的陈列柜就是这样设计的。

092

食品储藏室的流线是关键？

如果将食品储藏室设置在厨房靠里的位置上，用起来其实并不方便。拜托家人"将某个东西取过来"的时候可能也不会有人愿意帮忙……

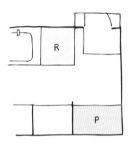

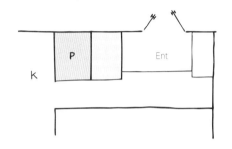

设置在离次入口近的位置

如果你居住的是独栋房屋，把储藏室设置在次入口附近也是不错的选择。一箱啤酒（24瓶装）等网购回来的体积、重量大的物品都可以迅速地被收纳起来。

设置在从玄关到厨房之间

在购物回来后从玄关进入厨房之间的流线上设置食品储藏室不是没有可能，这样做食品的收纳和取出也都会很轻松。

厨房布局基础中的基础

让我们回顾一下厨房收纳的基础知识吧。首先，好用的厨房采用的是什么样的布局方式？

便利的厨房布局方式是什么样的？
便利与否的判断因人而异，不过将食物从冰箱中取出放到厨房操作台上，水池、灶台一字排开的方式是大多数人都非常喜欢的。或者按照冰箱、水池、操作台、灶台的顺序排列也可。

L型厨房不一定方便
转角空间不便利用，很容易成为死角空间。因此在收纳设计和用法上都需要下一番功夫才行。

U型　　　　　　L型　　　　　　双列型　　　　　　单列型

工作三角形
通常我们认为，将冰箱、水池、加热台（灶台）正前方的 3 个中心点分别连接起来形成的三角形 3 条边长的总和在 3600~6600 左右是便利的做饭流线设计。如果是一条直线的话，长度 2700 左右比较合适（超过 3600 就不好用了）。

将用水、用火场所物尽其用

水池下方可以收纳洗菜篮或者大碗这些需要用水清洗的厨房用品；灶台下方收纳炊具；中间的位置可以用来收纳厨房小工具、保存食物的容器以及便当盒等常用的物品，用家用洗碗机的家庭也可以将其设置在此处。精心设计各种物品的收纳位置，让从做饭到用餐后收拾的一连串工作都能顺畅地进行吧。

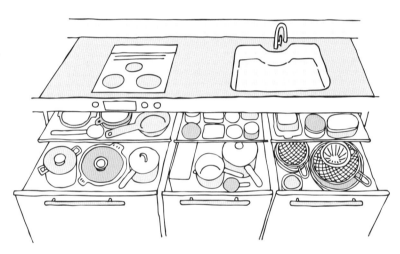

食品的库存管理
橱柜或者厨房操作台下方的收纳空间也可以用来收纳和管理食品。在这种情况下，不推荐使用带门的柜子，尽量采用抽屉进行收纳会更方便。抽屉打开之后里面放置的物品一目了然容易管理，也更容易把握家用支出。

吊柜应该如何设置呢?

吊柜是否便利好用,和它所处的高度紧密相关。此外,还需要考虑吊柜是用于收纳经常使用的物品,还是仅仅用于保存使用频率低的物品。

好用的吊柜高度是多少?
以身高160cm的女性为例,不用伸长手臂就能轻松取放物品的吊柜高度大约是距离地板1400~1600。在这个高度上收纳经常使用的物品是较为便捷的。高度在1800以上不容易够得着的位置上的柜子就尽量用来收纳使用频率低的物品吧。

H1600
H1400

1800以上
必须踮脚或者使用垫板,用于保存偶尔使用的物品。

1600~1800
伸长手臂能够得着的位置,可以收纳大而轻的物品。

1400~1600
吊柜的最佳位置,易于使用。

从腰部到视线的位置
容易使用

腰~膝
从膝盖到腰部的位置。
不同大小的经常使用的物品都可以收纳在此。

膝盖以下
膝盖以下,蹲坐着可以够得着的位置,可以收纳大而重的物品。

通过电动、手动的方式让柜子降下来
近年来,很多商家都开始提供各种能通过电动或手动的方式让吊柜降到黄金区域的橱柜产品。根据自己的预算和喜好来考虑是否要入手吧?

在"黄金高度"上设置开敞式收纳柜
在"黄金高度"上设置吊柜的话,物品的取放都是非常方便的。在此基础上采用开敞式收纳柜会更增加其便利程度。

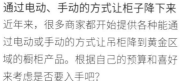

> **Tips!** 视线以下、膝盖以上的空间属于最容易取放物品的"黄金高度"。

封闭派？敞开派？

你是喜欢无论厨房用具还是餐具都能被迅速取放的开敞式收纳，
还是想选用即使每次取放物品都需要开关门、但却能遮挡住柜子
中乱七八糟物品的封闭式橱柜呢？根据适合自己的收纳方式来选
择吧。

不想露出来！
即使稍微有些压迫感也希望用柜
门来保持外观的整洁。

具有装饰感的开敞柜
进深浅的开敞式橱柜即使设置在较低的位
置也不会有太大的压迫感。可以收纳经常
使用的杯子、水果、小绿植等来展示自己
的品位。

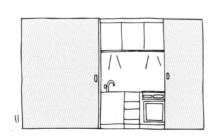

用大推拉门都遮挡上
不做饭或有客人来访的时候，采用这种
可以迅速地把整个厨房都藏起来的方式
也未尝不可。

挂起来的收纳
平底锅、炒菜锅、洗菜篮、厨房工具、
刀具等经常使用的物品都可以直接挂
到墙上。

正确使用收纳餐具的收纳架和抽屉

一个家庭中餐具的数量与其生活方式密不可分，不过一般而言四口之家的话采用宽度 900~1200、进深 450，高 2000 的餐具收纳柜较为普遍。经常使用的餐具、仅仅因为兴趣爱好而收集的名家之作、办派对用的大餐盘等，这些各式各样的餐具如何收纳才能让每天的进餐更加舒适，这是我们需要考虑的问题。作为礼物得到的、或者不怎么使用的餐具如何处理也是需要重新审视的。

如何使用收纳架和抽屉？
虽然用法上没有绝对的对错，但是怎样收纳能更方便呢？

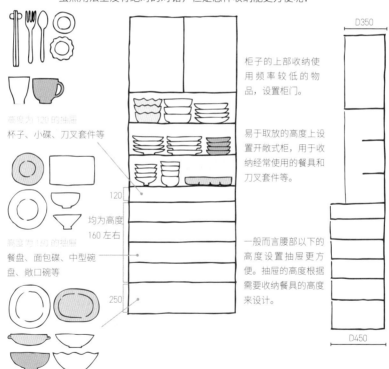

高度为 120 的抽屉
杯子、小碟、刀叉套件等

高度为 160 的抽屉
餐盘、面包碟、中型碗盘、敞口碗等

高度为 250 的抽屉
大餐盘、较深的餐盘等

120

250

均为高度
160 左右

D350

柜子的上部收纳使用频率较低的物品，设置柜门。

易于取放的高度上设置开敞式柜，用于收纳经常使用的餐具和刀叉套件等。

一般而言腰部以下的高度设置抽屉更方便。抽屉的高度根据需要收纳餐具的高度来设计。

D450

垃圾箱有多少个？放在什么位置？

根据地域不同，垃圾的分类方式也有所不同，可是无论分类方式如何，在设计之初如若不事先设计好垃圾箱的放置位置，"垃圾袋被随手扔在地板上"的杂乱光景就会自然地随之产生。垃圾箱的位置可以设计在厨房的水池下方、水池边、或者住宅的次入口附近。

厨余垃圾、废纸、废旧塑料制品、玻璃瓶、易拉罐、塑料瓶、牛奶包装纸……
这些垃圾应该如何分类呢？

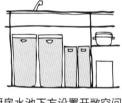

在厨房水池下方设置开敞空间
在厨房水池下方设置开敞空间用于放置垃圾箱的布局方式可以使做饭和扔垃圾同时进行，减少不必要的麻烦。

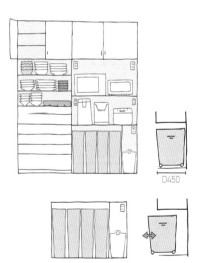

D450

设置在厨房水池后方的橱柜中
利用厨房水池后方的橱柜设置垃圾箱也是近来整体式厨房设计的主流方式。只需要转个身就能很方便地扔掉垃圾，使用带脚轮的垃圾箱会更方便。

设置在厨房水池边上的抽屉中
在水池边上的抽屉中设置垃圾箱，可以在做饭的过程中将各种塑料制品垃圾、塑料袋、易拉罐或者玻璃瓶等快速地扔进去。

厨房家电不用全部放置在外

厨房散乱的一个重要的原因就是厨房家电的摆放问题。微波炉、电饭煲、电热水器、电烤箱、咖啡机这5种家电设置在收纳柜以外空间的比例比较高。接下来是搅拌机、榨汁机，然后是面包机、空气炸锅……首先让我们根据家电是每天使用还是偶尔使用来给它们分类吧。

整齐排列！

一直放在收纳柜外不收起来的家电队伍的代表是微波炉、电饭煲、电热水器、电烤箱、咖啡机这5种。特别是微波炉、电烤箱、电饭煲，根据火灾预防条例，对它们的设置空间有一定的规定。根据这个规定给自己家的家电排列一下试试看……竟然需要2100左右的长度。可问题是家里没有办法设置这么长的台面呀！

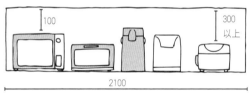

因此，常用的厨房家电建议设置成2层的摆放形式。

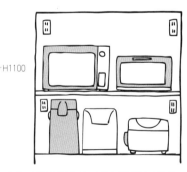

下方的一层采用滑轨式，需要时能够拉出使用。

※ 这些家电都需要排出水蒸气。

Tips! 这些家电使用后都需要排出水蒸气。

使用频率低的家电放置到抽屉或者储藏室中！

搅拌机、榨汁机、面包机、空气炸锅等不需要每天使用的家电就收纳到厨房的抽屉或者储藏室中吧。使用频率高的物品收纳到易于取放的位置，频率越低的放到远一些的位置，这是收纳的基本原则。

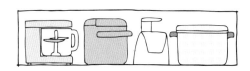

别忘了为经常在厨房操作台使用手动搅拌机等电器的人设置插座。在常用水火的地方，接线口连成八爪鱼状是很危险的事情。

为收纳厨房家电设置储藏室
收纳电气锅、章鱼烧铁板、烤肉铁板、打年糕机等大块头家电时还是有个储藏室会更方便。

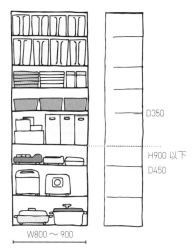

D350

H900 以下
D450

W800 ~ 900

为手持吸尘器设置一个固定位置
为了随手清扫细微的垃圾而在厨房放置手持吸尘器的情况也在增加。既然如此，也给手持吸尘器固定一个收纳的位置吧。

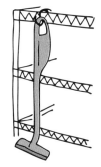

餐 厅

Dining room

餐厅本就是用餐的地方。

可是，事实真的如此吗？让我们来回想一下我们一天的生活吧……

用早餐、读报纸、化妆。在家人都出门以后打开电脑查阅邮件和在网上购买食材；有时候忽然想起来"啊，对了，要交给学校的抹布还没有缝呢"，之后一下子来了干劲；把家用的账目记好、写写信、翻阅一下信件；有客人来访时一起喝茶；和孩子一起吃点心，一起做作业或者画画；家人一起吃晚餐……

这样算下来，从早到晚，一家四口至少在这个1200×750的餐桌上进行了这么多的活动。

特别是，虽然专门给孩子准备了儿童房，但是直到上中学为止都很少有孩子会选择在自己的房间做作业的。孩子在儿童房中通常只是玩耍、更衣和睡觉，除了有家庭教师来的情况以外，大多数孩子都喜欢在餐厅学习。

因此餐桌及其附近物品很容易堆积。光有餐具收纳柜还不够，还需要考虑资料、文具、电脑相关物品的收纳。

餐桌是辛勤的劳动者

无论是用餐、绘画还是使用电脑，餐桌都是一个能应对多种需求的家具，但也会造成相关的物品在此堆积。本想着在厨房的开放式吧台上"稍微放一下"，结果就是物品的堆积蔓延到厨房另一侧，导致餐具的使用也会变得困难起来了。

在厨房对面的吧台下方设置便捷的收纳空间

开放式厨房对面的吧台通常用于从厨房向餐厅传菜时临时放置餐盘。此外，它也可以帮助遮挡住零乱的操作台或者水池，同时起到防止水滴和食物飞散的作用。不过，一不小心这儿就会成为物品堆积的场所了。如何更加有效地利用厨房的吧台呢？

单位：mm

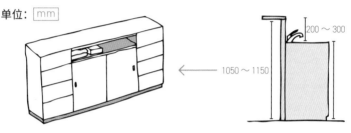

市售的吧台下方收纳柜
为了有效利用吧台下方的闲置空间，市面上开始出现了很多吧台下方收纳柜的成品。

闲置可惜的吧台下方空间
吧台的进深一般在 200~300mm 左右。吧台的下方就这么空着实在有些可惜。

那么，何不从装修时就在吧台下设置收纳柜呢？

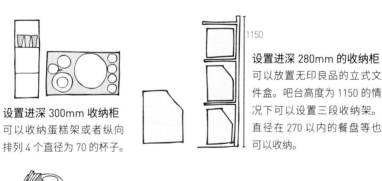

设置进深 300mm 收纳柜
可以收纳蛋糕架或者纵向排列 4 个直径为 70 的杯子。

设置进深 280mm 的收纳柜
可以放置无印良品的立式文件盒。吧台高度为 1150 的情况下可以设置三段收纳架。直径在 270 以内的餐盘等也可以收纳。

在厨房居中区域设置收纳柜
面朝餐厅的一侧可用来收纳文件、书本或者文具、餐桌上常用的餐盘等；背向餐厅一侧则可以用于放置厨房用具、食品等。

餐厅内侧收纳墙的用法

这是在公寓中很常见的餐厅布局方式。餐桌的靠墙一侧原本是按照设置餐具收纳柜的空间来设计的，但问题是距离厨房遥远难以利用。如果想要更好地利用这样的布局方式，不妨换个思路。

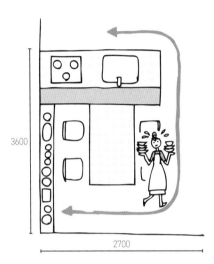

用于收纳餐桌附近使用的物品
在这里收纳餐桌上会用到的书本文具、电脑相关的用具、急救箱、说明书、孩子补习班的教材等物品会更方便。

设置吊柜增加收纳量
虽然会多多少少增加室内的压迫感，但如果需要收纳的物品较多的话也可以设置吊柜来应对。

高 1200 的收纳柜
高度在视线以下，因此不会给室内带来压迫感，可以保持房间的开放性。

餐厅的整体收纳规划

新房装修或者房屋改造时如果可以考虑新的布局方式的话，推荐考虑在厨房和餐厅之间设置收纳空间。

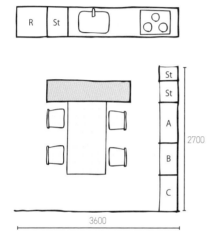

只要有约 9m² 就足够了

尽量确保餐桌本身 1500×800mm 的尺寸以及周围的活动空间。并且，在所有的家庭成员都能够便捷取用的地方设置集中的收纳空间。这样的要求只需要约 9m² 的空间就足够了。

柜子的收纳面积是多少？

以 P107 中的柜子为例，计算这样的柜子中能有多大的收纳面积。

首先计算一列柜子的面积

$0.75m×0.35m×7$ 张 $=1.8375m^2$

那么设置 3 列这样的柜子的话，就能够为散乱的物品留出 $5.5125m^2$ 的收纳空间啦。

进深 350~360 的大容量收纳柜

收纳餐巾、餐桌布等装饰的物品。

进深 350mm 的话就可以放置横式文件盒了。360mm 的话，放置无印良品的收纳盒类刚刚好。

在餐桌学习的孩子的书本资料等。

为了更方便地使用电脑，这里的隔板进深可以做得稍微浅一些。

这个高度可以站着使用笔记本电脑。

打印机用带脚轮的收纳板会更容易取放。

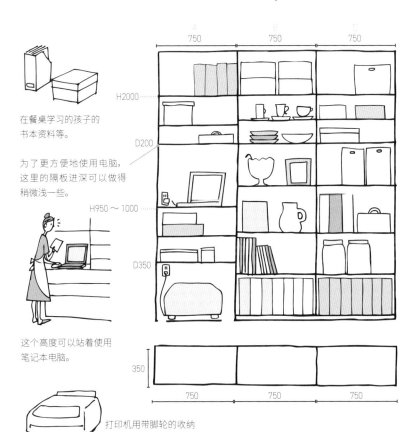

工作空间

随着笔记本电脑的普及，将餐桌兼做电脑桌使用的人也越来越多了。不过麻烦的是每次吃饭都得先把电脑收起来这件事，果然还是有一个独立的工作空间会更方便呢。主妇的工作空间设置在可以兼顾家务与电脑工作的厨房或者餐厅附近是比较理想的。

设置什么样的工作台呢?

只是用笔记本电脑的话，进深 450、宽 800 的工作台就足够了。

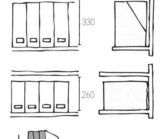

放置立式文件盒的话，进深需要达到 280~300。

330

放置横式文件盒的话，进深需要达到 320~350。

260

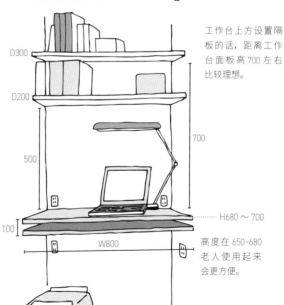

工作台上方设置隔板的话，距离工作台面板高 700 左右比较理想。

D300

D200

在距离工作台上方高度 700 以内设置隔板的话，进深设计为 200 左右可以减弱压迫感。隔板处可以稍微用来放置一些小物件。

700

500

100

········ H680 ～ 700

W800

工作台下方设置浅柜(高 100 左右)，可以迅速地把台面的笔记本或者其他文件等迅速收起，很方便。

高度在 650~680 老人使用起来会更方便。

插座和电源线都设计整齐

在工作空间里要使用到的电器还真不少，如笔记本电脑、路由器、台灯、电话、打印机、扫描仪、照相机或者其他需要充电的物品等。插座的数量足够吗？需要做好防止各种电线在脚下打结缠绕的对策哦！

插座的数量需要多少？

为了避免想要用电源的时候都得趴到桌子底下的麻烦事儿，桌面上的插座口是必备的。桌面上下设置 4 个插座比较合适，最好准备一个接线板。

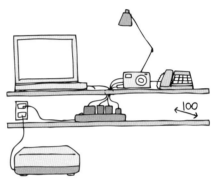

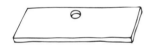

操作台台面上开孔

预先在台面上设置配线用的空洞可以把各种电线都藏到台面下方，保持工作台面整洁。

操作台台面下方设置进深 100 左右的架子会更方便

架子用来放置从孔中穿过的电线、接线板等物品，隔板能避免这些缠绕的电线落到地板上。

尺寸需要根据用途来决定

工作台的宽度和进深都有其相应的合适的尺寸。

辅导孩子学习、两人并排坐的话，需要宽度为 1500 的台面。

用缝纫机的话，进深需要达到 600。

区域 9

客厅 / 起居室

Living room

起居，英文为 Living，即生活之意。起居室或者客厅，也就是需要生活的空间了。它也是一个供家人团聚、放松和交流的重要空间。然而，实际上当我在做收纳咨询工作时访问的家庭中，映入眼中的光景都是……

换下的衣物、洗完后收回来的衣服、晾衣架或晾衣钩、玩具、书、报纸、杂志、购物目录、游戏机、CD、学校的练习册、学习用品、文具、手工用品、宠物的玩具、包、资料、家电、各种充电器……

真是壮观啊，全家人在这个空间中使用的物品自然地在这聚集起来了呢。

也并不是说房间必须"收拾得整整齐齐才行"。但是东西多成这样，对大脑的刺激这么强烈，应该也是难以放松的吧。为了能有一个全家人温馨交流的氛围，建议从装修的最初阶段就考虑容易散乱的各种物品如何收纳，打造一个清洁明亮、让人赏心悦目的交流空间吧。

这样的客厅无法使人放松

客厅和餐厅合并为一个房间的方法很多，而其中客厅本身大小一般为 12~18㎡。客厅作为家人交流的空间可能并不需要多宽敞，但是如果有一个收纳空间能让在这里聚集的各种物品都能被收纳起来就清爽多了。

111

满分收纳冠军赛！

要收纳散落在客厅中的物品，比如 100 本书、100 本杂志、100 张
CD 的话，分别需要多大的空间呢？

※ 收纳柜宽度（有效尺寸）为 420，包含一定的富余空间。

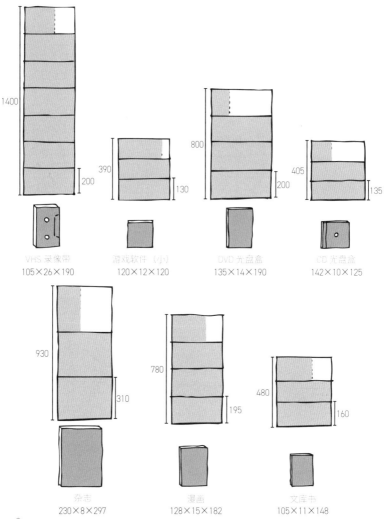

VHS 录像带
105×26×190

游戏软件（小）
120×12×120

DVD 光盘盒
135×14×190

CD 光盘盒
142×10×125

杂志
230×8×297

漫画
128×15×182

文库书
105×11×148

Point!　某项调查显示，我们拥有的物品中 40%~50% 都是"看不见""用不着"的。
让我们把它们整理出来吧！

书收纳在哪里？

爱书之人就不要每次等书装不下了再去考虑购买新的书柜补充了，从设计之初就以书籍会增加的前提来考虑图书的收纳场所吧。

有效利用流线空间
走廊等通常是专为流线而设置的空间，在这里加上书柜也是一种方案。

与工作相关的书籍较多的情况
设置独立的书房或书库可能会更好。

将孩子图画书的封面朝外
相较于文字，小朋友们对于图画和颜色更敏感。将书的封面而不是书脊部分朝外放置能使孩子更容易找到想看的书。

沙发的背后
用沙发分隔空间时，可以在其背后的空间设置书架。这样，小朋友也可以很方便地取出书了。

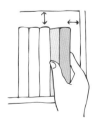

留有一定的富余空间很重要
拼命将书塞进书架之后很难取出的情况你一定遇到过。所以在收纳书籍的时候记得留出一定的富余空间来！

集中式收纳柜让客厅井井有条

为杂志和书籍等为我们提供信息的物品、学校或者培训中会用到的相关用品、游戏、玩具、家电、装饰物等都打造一个固定的位置吧。

一个收纳架中大约能收纳40本杂志。经常反复阅读的杂志收纳在视线以下的高度，如果只是保管、平常翻阅不多的话放在上层即可。

备用的物品收纳进去。

客厅中不断增加的小物件可以收纳在此

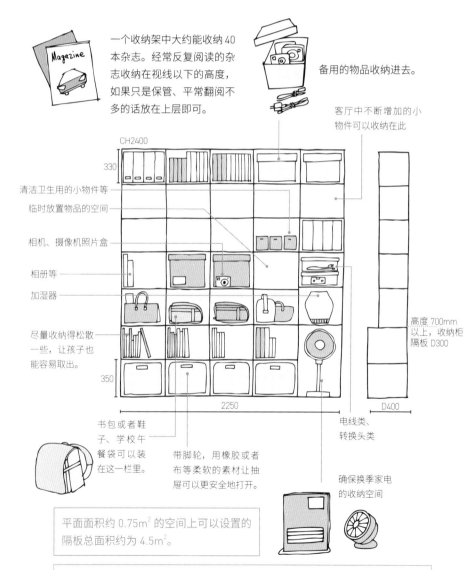

CH2400

330

清洁卫生用的小物件等

临时放置物品的空间

相机、摄像机照片盒

相册等

加湿器

尽量收纳得松散一些，让孩子也能容易取出。

350

2250

高度 700mm 以上，收纳柜隔板 D300

D400

书包或者鞋子、学校午餐袋可以装在这一栏里。

带脚轮，用橡胶或者布等柔软的素材让抽屉可以更安全地打开。

电线类、转换头类

确保换季家电的收纳空间

平面面积约 0.75m² 的空间上可以设置的隔板总面积约为 4.5m²。

Tips! 底下的两层也可以收纳纸尿布、外出用物品、换洗衣物等。

让孩子也更容易参与收纳的设计

在请孩子"收拾自己的玩具"时,为了让他们一个人也可以收拾好,
收纳设计需要下的功夫必不可少。

孩子的视线
和大人一样,孩子的眼睛到膝盖之间的距离也是他们收纳起来最便利的黄金区域。

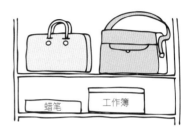

学习用品、文具的固定位置
给每个物品规定好自己的位置之后,孩子也可以独自把用过的东西放回去了。

购买可以长期使用的家具
特别是椅子,推荐使用能够随着孩子的成长改变脚踏板位置的样式。正确的坐姿很重要。

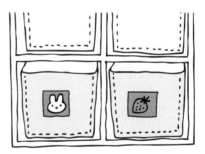

材质和图标
建议使用不容易让孩子受伤的柔软材质且可以直接将物品放进去(不带盖儿)的收纳筐。可以使用简单的图画或者颜色的图标来作为标签。

4

收纳的检查要点

生活的便利与否都在细节中体现

清洁用具的集中收纳

拥有手持式吸尘器或扫地机器人等多种吸尘器的人不在少数。在清洁方式的选择上，有的人喜欢每天都用抹布简单地擦洗，也有人习惯于在每周末进行一次彻底的大扫除，方式各种各样。虽然收纳的原则是"把物品收纳到可以立即使用的地方"，但是备用的物品或者偶尔使用的物品如果收纳得太分散的话，就很容易出现"湿巾已经全变干了""地板刷的橡胶面和地板黏在一起了"等类似的窘态。不妨为这些容易被忽视的清洁用具打造一个可以集中收纳的"固定位置"吧。

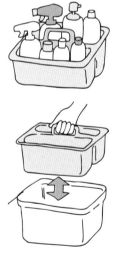

便利桶中紧凑的洗涤剂收纳
便利桶将零乱的洗涤剂收纳和水桶的功能合二为一。使用的时候只需要用抹布擦拭一下即可。

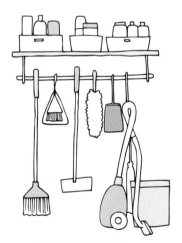

一步到位的壁挂式收纳
如果在洗衣房的一角像图中这样将各种清洁用具挂在墙上也是不错的。使用时非常方便，用完也可以立即收纳起来。

可以充电的清洁壁橱

打造一个让清洁工具能够自然地回到家中的"基地"吧!

清洁工具的储备用品收纳在上方的收纳架上。

洗涤剂或者清洁海绵等小物品的备用品。

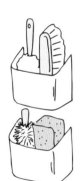

正面

插座

W600

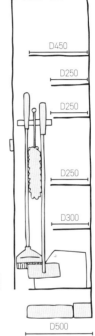

侧面

设置移动滑轨让隔板可调节。

D450

D250

D250

D250

D300

不能站立的拖把等工具可以采用壁挂式收纳。

D500

柜门背面可以设置收纳刷子或手持灰尘刷等小物件的收纳筐。

拖地机器人也可以在壁橱中充电。充电器分别设置在收纳柜上部和下部两个位置上最为理想。

建议在收纳柜的门和地板之间为扫地机器人留出空隙。这样,扫地机器人这种颇具存在感的家电也可以自动回到自己的家中。

浴室中的小物件

在浴室中要放置多种多样的洗发液、护发素、护理液、香皂、洗面乳、美容用品等各类物件的人，都是如何收纳这些物品的呢？直接放在浴室地板上？还是放在架子上？此外，有时候浴室中还需要放置各种清洁用具。不管如何，我们都应当避免这些小物件被直接放在地板上，浴室中的水分会附着在这些小物件上，导致它容易发霉和滋生细菌。我们希望这些物品只是沐浴时会被弄湿，洗完澡之后就能够恢复干燥的状态了。

直接放在地板上容易导致发霉
看看那些瓶子的底部吧。长期放在浴室地板上的话一定会黏糊糊、湿漉漉的……于是霉菌们也在这里茁壮地成长起来了。

可以让每个人都拥有自己的沐浴篮
有些家庭中，所有家庭成员都有自己专属的、放置自己喜欢的沐浴用品的沐浴篮，这样放置洗护用品是一种较好的收纳方式。

让浴室中的物品快速干燥吧

让水分尽快挥发掉是浴室物品收纳的铁律。用各种方法来打败霉菌吧！

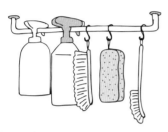

挂在门把手上

不要将沐浴用品或者刷子等直接放在浴室地板上。如果不介意外观的话可以把这些物品挂在浴室的门把手上晾干它们。

椅子也不要忘记晾干

椅子放在地面上并不是什么不可思议的事情，但是用完之后还是要通过把它挂到浴缸边缘上之类的方式来使其尽快干燥。

浴室干燥器和晾衣杆

使用浴室干燥器可以更加快速地让一切都干爽起来。另外，别忘了设置可以用于晾干衣物的晾衣杆。

建议设置毛巾架

在宾馆酒店中经常能见到毛巾架。因为设置在手能够得着的、较高的位置上，所以不会对视线造成干扰，看起来非常清爽。

与主人一起！让它们也能更舒适地入睡、游戏与用餐

Check!

宠物

　　猫猫狗狗都是和我们生活在同一个屋檐下的"家人"。和人类的日常起居一样，它们也需要拥有自己专属的进餐、游戏和安静睡眠的场所。与此同时，它们的生活用品，诸如遛狗绳、项圈、玩具、防雨用品、衣服、可移动的笼子、除臭剂、餐具、粮食、毛巾、宠物垫、塑胶手套、沐浴剂、猫砂等各种物品数量也都会随之增加。想一想让人类和宠物都能舒适生活的收纳和房间设计方式应该是什么样的吧。此外，宠物用的防灾用品也不要忘记备上。

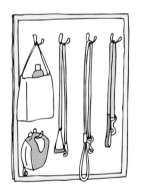

狗狗的散步用品放在玄关
将遛狗绳、卫生包、水等狗狗每天散步都需要用到的物品集中收纳在玄关附近更方便取用和收纳。

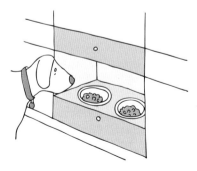

狗粮、猫粮也都放在固定的位置上
将狗粮、猫粮倒入餐具并设置在固定位置上。多种粮食的储备也是必要的。根据餐具的大小和宠物粮的数量来选择摆放的场所吧。

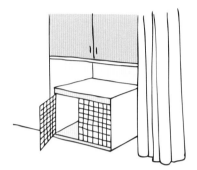

笼子和收纳的组合

可以将笼子与收纳柜合并放置,并用收纳柜来放置它们的粮食和玩具。柜子的进深在 500mm 以内比较合适。

在人类的活动空间附近设置狗狗的家

给狗狗准备一个类似客厅的一角或者楼梯下的空间等作为它们的卧室吧!这样既能让狗狗感受到人类的存在,又能保持自己一定程度上的私密性。

充满趣味性的猫走廊

在最开始的房间设计阶段就考虑在墙上设置宠物猫能自由上下跑动的猫走廊吧,这样它们也会很开心的。

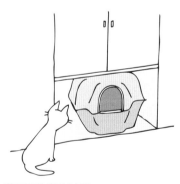

猫厕所的臭味对策

猫虽然很可爱,但是它们如厕的味道很让人头痛,而且猫砂也是很容易在全家散开的。所以,在玄关附近、卫生间、走廊等容易打扫的地方设置猫厕所吧。

静静等待一年一度的节日到来

Check!

传统节日的玩偶

在日本，有很多为一年四季增色添彩的节日，被我们熟知的有新年、节分、女儿节、男孩节、七夕、盂兰盆节、十五夜等。这些节日中与"收纳"有关的就要属女儿节人偶和男孩节的盔甲娃娃了。一年之中，这些玩偶基本都处于"待机"状态，因此无论过节时有多少需要装饰它们，如果没有收纳它们的地方的话还是很让人头疼的。由于这些物品对于潮湿都是很敏感的，所以让我们选择通风性较好的场所，根据它们的尺寸来设计合适的收纳容器吧。

女儿节人偶的 7 段装饰
这是最占地方的节日物品。一套装饰直接收纳进去的话大约会有 0.75m^2 的占地面积，整个高度会把衣橱下方的空间几乎都占满了。宽度 1200 的装饰架板也是需要被收纳的。

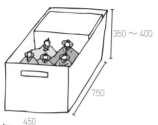

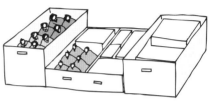

泡桐箱的通气性能优良

用市面上出售的泡桐木制成的箱子进行收纳可以节约一些空间。

亲王装饰

衣橱中的深型收纳抽屉的尺寸即可满足收纳亲王装饰的需求。不过因为通气性能不佳，不推荐使用 PP（聚丙烯）收纳盒。

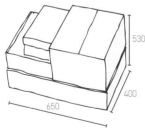

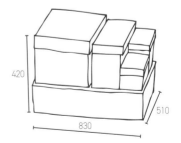

盔甲娃娃

比起女儿节人偶，盔甲娃娃所需的收纳空间较小，约 0.25m² 即可。

5 人装饰

比亲王装饰要稍大一些，大约需要 0.4m² 左右的占地面积。

这种令人憧憬的收纳方式也有不便之处吗？

Check!

阁楼、顶楼、地板下的收纳

　　阁楼、顶楼的收纳空间，在什么都不放的状态下听起来是颇具魅力的。但问题是这些收纳空间的高度按照规定都必须在1400以下。这是因为根据建筑法，这些都是"不属于居住房间""不包含在建筑面积中"的空间。大多数的成年人在这个空间中都不得不弯着腰、低着头来取放物品。并且，通常情况下，上下阁楼都没有楼梯，而是爬梯子。一旦把物品收纳到这些空间里，到最后因为太麻烦而懒得去取出导致物品最后被遗忘、废置的概率非常高。

一旦放进去就取不出来了？
弯着腰实在太累了。此外，在通常情况下小阁楼里不会安装空调，人们因为温度差过大而病倒的情况也会出现。

进化后的地板下收纳

比起传统的深型收纳，浅型收纳虽然
收纳容量减少了，但是更容易取出了。
这种形式可以用于罐头、蔬菜的保存。
可以滑动的收纳也是很方便的。

厨房的地板下收纳

每次都需要跪着趴在地上把地板掀开才
能取出东西。这种情况下还是避免收纳
重物为好。

洋式房间的地板抬高

如果卧室等房间的居住高度稍低一些
也没有关系的话，可以将地板抬高一
些，下方设置收纳抽屉。

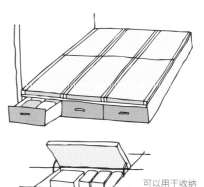

可以用于收纳
茶道用品或者
重要的资料。

利用和室的地板下空间

和室和客厅相连的情况下，可以在榻榻
米台下设置收纳抽屉等。

拜拜了，八爪鱼君！

Check!

插座与布线设计

我们在生活中对于插座的需求远比你想象的还要大。然而在设计阶段，对于插座设计的讨论却不多，更多关于这方面的讨论可能是"请客户今后自己考虑插座的设计"吧。但是，插座实际上正是住宅建造时期需要仔细规划设计的地方。由于现在家庭中都会置办大量的电器，因此我们在生活中不得不使用各种接线板、转换插头，房间中的电线也会缠绕不清，甚至有被各种电线绊倒的风险。

你的家中有"危险的八爪鱼"吗?
电视、电脑的周围，以及厨房、盥洗室都是特别容易形成"八爪鱼式"插座的地方。调查一下各个区域中必要的插座数量吧。

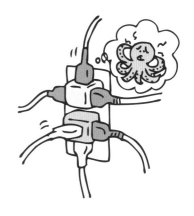

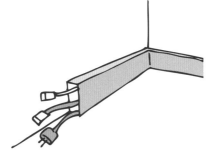

用于隐藏电线的踢脚线
各种电线太多的情况下，不妨设置将它们藏起来的踢脚线吧。

128

画个插座图吧

除了通常设置的标准插座以外，还需要多少个插座呢？

是否需要设置电动剃须刀、电动牙刷的插座？

洗面室中设置电暖器或风扇的插座会很方便。

在楼梯踏板附近设置插座会让打扫卫生更轻松。

电动自行车的充电插座设置在玄关最佳。

是否需要为车用吸尘器、电动工具等在室外设置插座呢？

床附近的夜灯、被褥干燥器等是否需要设置插座呢？

放置扫地机器人、空气净化器的地方的附近也应该设置插座。

为电火锅或章鱼烧的铁板设置与餐桌高度相当的插座会更方便。

电视要想设置成壁挂式的话，需要从设计之初就进行布线设计。

手机、相机的充电场所是在客厅还是卧室？

根据不同的电器选择合适的插座高度会更好用！

1800-2000	空调、换气扇
1200 左右	电饭锅、搅拌机、电烤箱、微波炉、面包机、洗衣机、衣物干燥机、吹风机等
900-1100	面包机、电热铁板、台式电磁炉、熨斗、咖啡机等在餐桌或者台面上使用的移动性较强的电器
400-500	吸尘器、电暖器、台灯、影像电器、电热毯等偶尔使用的电器
嵌入地板中	吸尘器、厨房家电、立式台灯等

时间表 / 信息角

即使是一个人住，也会需要在家中贴一些类似公寓的防灾训练通知或者购物清单之类的纸张。如果是和家人一起生活的，那么学校的通知、时间表、留言便笺等也会增加。将这些信息贴在冰箱门上的家庭有很多，不过也免不了看上去乱糟糟的。不妨在前往餐厅或者厨房的流线上，也就是家人自然地会看到而来访的客人却不容易注意到的地方，打造一个信息角吧。

一股脑儿贴在冰箱上
这是一种渐渐地会使冰箱门变得乱糟糟的收纳方式，冰箱门开合时它们还经常会掉下来。

利用冰箱的进深空间进行信息管理
利用冰箱的进深空间的侧墙或者白板将信息集中管理起来。要想横着贴 A3 尺寸纸的话，信息收纳板的宽度需要达到 450。根据阅读信息人的视线高度调整贴信息的高度。

不妨在告示板处设置充电站
设置插座的话就可以成为手机的充电站了。

选择不锈钢或者软木头材质的告示板
可以选择不锈钢或者软木头材质的告示板，更容易粘贴这些通知。

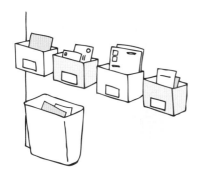

邮件也可以被妥善地分类整理
玄关附近设置信息角的话还可以顺便将其作为分类邮件的场所，使烦琐的邮件分类工作变得方便。

不需要墙壁和门？

Check!

半隔断

你认为用墙壁和门来分隔空间是必要的吗？在卫生间和浴室中尚且有非如此不可的理由，但是原本传统的日本住宅中都是采用隔扇等移门而不是如今的平开门的。这种分隔方式可以根据需要让房间变成开放的大空间或者是私密的小房间，可以非常灵活且有效地利用空间。不妨抛弃脑中关于流线或收纳的常识或成见重新思考一下，说不定会创造出超出自己期待的舒适空间呢。

早期的日本住宅更多都是采用移门
隔扇等移门是旧式日本住宅中的基本要素。门的开合不需要空间，可以随机应变地运用。

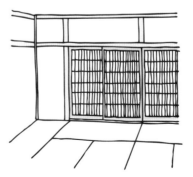

竹板隔断
夏天可以换上通风性非常好的竹板等作为移门。如果有光线透过竹板进入室内的话会更有风情的。

132

让现代住宅也变得更轻巧

具有"通透感"的生活是更具品位的。向古人们学习，将这种轻巧通透的感觉引入到现代住宅中如何？

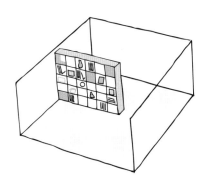

用装饰架作为隔断

如此操作可以使收纳与装饰功能兼备且能柔和地分隔空间，能让我们更容易感受到室内光与空气的循环和人的活动。

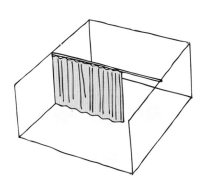

用窗帘作为隔断

用软布料等作为隔断的好处在于可以让光与空气透过。用窗帘代替沉重的折叠门或推拉门会让开合更方便。

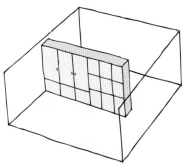

将天花与隔断之间留出空隙

此处的隔断还有收纳的作用，天花的连续性会让人感觉空间更加开阔。

収纳时易取易放的秘诀

掌握尺度感

　　想用一个物品的时候可以快速地取出来，用完之后也能立马放回去。这两个动作如果能顺畅进行的话，每天的生活就会非常舒适和高效了。一般来说"8 分饱收纳"被认为是比较理想的，但是不管是什么物品其实都有自己取放自如的"宽松度"或者"空隙"的标准，维持物品必要的"宽松度"是非常关键的。

　　此外，取放物品时能使你感觉到"好用"的高度与自己的空间尺度感密切相关。记住以自己身体的尺度感作为基准，打造让你用起来舒适的收纳设计吧。

例：文件盒或书籍的收纳　　cm

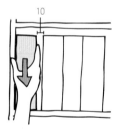

水平方向取出

文件盒水平拉出的话需要大约 10cm 左右的空隙。

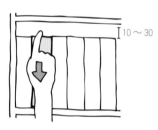

垂直方向取出

用手指勾住取出的话，上方需要留出 10~30cm 的空隙。

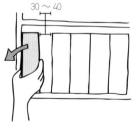

牢牢握住取出

通过一次性握住较重的盒子或者书籍来取出的话需要 30~40cm 的富余空间。

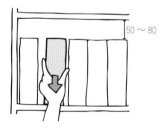

粗略地抓取

粗略地抓住并取出。从比较高或者比较低的位置的架子上取出东西的时候，很难抓取得特别牢，只能粗略地抓住并取出，所以需要在书本上方留出较大的空隙，大约为 50~80cm。

个人身体各项尺寸数据与合适高度之间的关系

下面的这些数值可以帮你更准确地制定桌子或收纳柜的高度。

能不费劲地伸长手臂取 两臂平伸展开时的
出物品的高度 =1.2H 宽度 =1H

身高 =Hcm

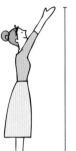

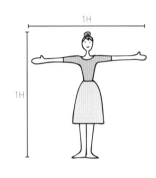

1H

1H

视线高度 =0.9H

坐高的标准是多少？

坐高 =0.55H 高度刚刚好的桌子
高度 =0.4H

高度刚刚好的椅子
高度 =0.25H

0.4H

0.25H

肩膀的高度 =0.8H

手的尺寸

记住测量收纳空间尺寸时的参考标准吧。

努力撑开手时的长度约为 20cm

20 cm

20 cm

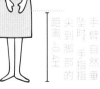

手臂自然垂坠时，手指尖到脚部的距离 =0.4H

大拇指指尖到中指指尖的距离。 大拇指指尖到小指指尖的距离。

※ 存在个体差异。实际测量看看吧。

从物品尺寸的角度规划收纳

基本尺寸 mm

B5 尺寸

257
182

A4 尺寸

297
210

B4 尺寸

364
257

收纳用品的基本尺寸。因为要把物品收纳进去，所以所需要的收纳用品自身需要比被收纳的物品大一些。而收纳这些收纳用品的收纳柜的进深尺寸又需要比收纳用品的尺寸再大一些。

收纳用品

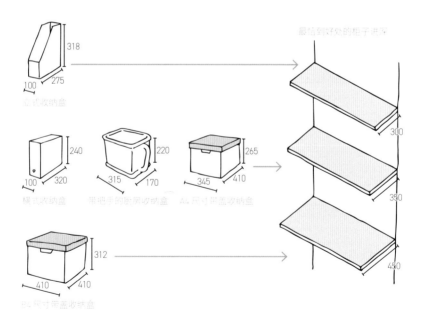

318
100 275
立式收纳盒

240
100 320
横式收纳盒

220
315 170
带把手的整理收纳盒

265
345 410
A4 尺寸带盖收纳盒

312
410 410
B4 尺寸带盖收纳盒

最恰到好处的柜子进深

300

350

450

※ A4 尺寸收纳盒可以竖着收进去的话，收纳柜进深和它一样即可。

※ 收纳卫生卷纸或者纸巾盒、小型书籍、CD 等物品时，进深 100、150、200、250 的浅柜也是有效的。

从建筑尺寸的角度规划收纳

日本的建筑设计中，存在以 1000 作为基本模数的"公制尺寸"和以 910 作为基本模数的"日式尺寸"这两种尺寸。

mm

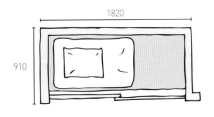

例如，日式壁橱的标准尺寸是：长 1 间 =1820，进深 3 尺 =910。

在对收纳箱等用品进行设计时，455（3 尺的 1/2）和 303（3 尺的 1/3）这类常用的宽度基本尺寸就是以日式壁橱的模型作为基础来决定的。

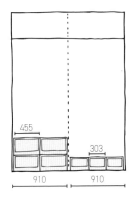

收纳用品常用 3 尺的 1/2 和 3 尺的 1/3 作为基本尺寸

衣柜中的收纳箱经常会采用近似 455 或者 303 的尺寸，这样便于将几个收纳箱并排着放入衣柜中。

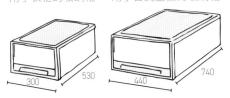

用于衣柜的收纳箱　　用于日式壁橱的收纳箱

建筑中的收纳设计影响着收纳用品的尺寸

建筑中的衣柜进深通常为 600，因此收纳箱的进深大多被设计成 530~550 左右。

相应的，用于日式壁橱的收纳箱进深通常被设计为 740 左右。

137

结　语

终于读到了这里，你感觉如何呢?

在考虑新建或者翻新住宅时，是否能从本书中获得哪怕是一点点的启示呢? 熟读这本书的你已经成为了不起的"收纳博士"了呢。

不过，真正的实践是从现在开始的，你肩负着重要的任务。

那就是，将你随着阅读本书思考而产生的那些想法有效地"传达"给住宅设计师，让他们来为你"实现这些想法"。

"这样的住宅能让我感受到更舒适的生活。"

"我和我的家人所必需的是这些。为了让我们的家不再零乱，我需要在这些场所有这样或那样的收纳。"

理想也好，目前生活中的不满也好，想要的收纳设计方向也好，都需要你自己准确地表达。

那么，向谁传达这些信息呢?

新建或者翻新住宅这件大工程，实际上关系到非常多的人。让我们来看一看在新建一个家的流程中的各个阶段会遇到的人物吧。

建造住宅的流程

建造住宅的流程大体如下：

让我们来确认一下，在各个步骤中我们应该向谁咨询吧。

		要做的事情	相关的人物	
准备		考虑预算问题		
		决定预算 & 收集信息	理财经理、银行的贷款负责人、住宅贷款咨询师、办税人员、律师等	
		参加研讨班、咨询会	家装销售负责人、家装专业的老师	
		阅读家装相关的杂志或书籍、索取相关文件、参观样品房、样板间	家装销售负责人、样品房负责人（有室内设计或者房地产经纪人的资质人亦可）	
		在网上搜索自己喜欢的房屋和设计		
		梳理生活规划	理财经理、住宅贷款咨询师、设计师等	
		事先向住宅方面的专家咨询，传达理想中的设计方向	设计师、室内设计师	※
从设计下单到完成	2	寻找合适的土地或物业资料	当地的房地产公司、邻居、政府机关负责人、房地产经纪人、建筑师、土地测量公司等	
	3	决定委托对象	施工公司、设计事务所（设计师）、住宅建造公司（销售）	※※
	4	听取意见	室内设计师	
	5	计划、费用概算报价		
	6	签订临时合同、设计合同	+ 法律顾问等	
	7	正式设计 详细会议，决定设计样式	销售负责人、室内设计师、各个样板间负责人、设计师	
	8	最终费用报价	以销售负责人为主	
	9	签订正式合同		
	10	申请住宅贷款	金融机构、办税人员、司法书记员、理财经理、保险公司、住宅贷款咨询师、住宅贷款诊断师、销售负责人	
	11	确认申请		
	12	开始施工	破土典礼 / 施工监理、施工负责人、施工管理技术师	
		在此期间准备购买家具、窗帘等生活必需用品	室内设计师、商店店员、样板间负责人	
	13	完工、交房、支付余款、房产登记	设计及施工人员、各位相关人员检查、政府机构（完工检查）司法书记员、土地住宅调查师、测量师等	
	14	搬家前将家具搬入新居、安装	各商店（安装、配送）负责人	
	15	搬家、入住		

※ 写出独栋住宅、公寓、翻新等居住情况的理想预期方案。
准确传达自己对于住宅的理想和不满后获得相关的建议和意见。销售负责人不一定是住宅设计的专家，和销售负责人可能以业务洽谈为主，而非咨询。

※※ 在此处，把握好向谁咨询这一点很重要！

向谁传达自己的房屋设计、理想预期方案呢?

样板房　　　　销售商店　　　　保险

施工承包商　　设计师　　　　　银行

销售负责人　　室内设计师　　　木匠

与能够"听取意见"的人讨论自己的设计愿望或者目前住宅中的不满之处是非常重要的。为了更准确地传达自己的想法,在正式地委托设计之前,建议大家向设计师或者室内设计师咨询并做好准备。

即使委托著名的设计师为自己设计家庭布局，如果不能把想说的话准确传达，即使做出再好看的房子，实际住进去之后也可能没法儿完全适应其中的生活。我们也许经常会听到这样的观点：本来家的设计，就应该是由实际居住的人来把握设计的主导权的。

实际上，居住的人有怎样的价值观，想要过什么样的生活，对于什么事物会感受到不满与压力，拥有什么物品，希望如何使用，这些问题如果不是本人亲自体验就不能明察。举个最简单的例子，平底锅要怎么样才能易于取放，这其实也是使用者本人才最清楚的事情。

如果不能将这些只有本人才清楚的事情有效地传达给设计者，那么无论如何都是无法设计出让自己满意的住宅的。比如一个非常喜欢买衣服，希望有能收纳很多衣物的大衣柜的人，如果不能让设计师认识到这一点，可能结果就是做了很多书架却没有足够的衣柜。

因此，从设计最初的意见听取会开始，将你自己的意见明确地表达出来，作为"制片人"参与到自己家设计的"电影"中。为此，仔细地思考并将你的想法写出来，做好事先准备是很关键的。如果在这个过程中，你能灵活运用本书，相信一定会使你事半功倍。

此外，如果你没办法有效地组织自己的想法，不知道如何表达自己

Epilogue

的意见，或者希望向专家咨询收纳设计的具体细节，也非常欢迎你和我
们的住宅规划师联系。拥有建筑师和室内设计师的知识与实践经验的规
划师（收纳方面的专家）会帮助你整理你的思考，做出适合你需求的收
纳设计。

创造你和家人能舒适居住的家。
这会给你带来更加美满的人生。
请让你的每一天都过得幸福。

居住规划师　吉本智子
2016 年 5 月